本书为国家自然科学基金地区科学基金项目（编号：71963006）研究成果

食用农产品质量安全治理与产业组织优化研究

王华书　著

中国农业出版社
北　京

图书在版编目（CIP）数据

食用农产品质量安全治理与产业组织优化研究 / 王华书著. -- 北京 ：中国农业出版社，2025. 3. -- ISBN 978-7-109-33140-2

Ⅰ. F326.5

中国国家版本馆 CIP 数据核字第 20257JB006 号

食用农产品质量安全治理与产业组织优化研究

SHIYONG NONGCHANPIN ZHILIANG ANQUAN ZHILI YU CHANYE ZUZHI YOUHUA YANJIU

中国农业出版社出版

地址：北京市朝阳区麦子店街 18 号楼

邮编：100125

责任编辑：赵　刚

版式设计：王　晨　　责任校对：吴丽婷

印刷：北京中兴印刷有限公司

版次：2025 年 3 月第 1 版

印次：2025 年 3 月北京第 1 次印刷

发行：新华书店北京发行所

开本：720mm×960mm　1/16

印张：13.75

字数：218 千字

定价：88.00 元

摘　要

保障农产品质量安全，关系到广大人民群众基本生命安全与切身利益。随着生产力发展和农业供给侧结构性改革深入，老百姓从“吃饱”转向“吃好”，主要农产品的生产与供应基本满足了国内市场需求，由此带来的食用农产品质量安全问题逐渐凸显。特别是随着供给侧结构性改革的加速，农业产业规模扩张、成本管控、技术革新等结构调整加快，推动市场结构变化，对食用农产品质量安全治理产生深刻影响。食用农产品质量安全监管困境亟待突破，质量安全治理亟待优化。

本书聚焦与人民幸福生活、社会稳定繁荣息息相关的食用农产品质量安全问题，以食用农产品产业组织为研究对象，通过对全国食品抽检数据的整理、编码，系统解析我国食用农产品质量安全状况的多维度特征以及食用农产品产业组织质量安全治理的内部逻辑，从产业纵向一体化和产业组织市场结构的变化等角度着手，深入探讨纵向一体化、市场结构和品牌差异化，以及对食用农产品质量安全绩效水平与经营主体风险防范行为的影响机制，进而归纳提出食用农产品质量安全的产业组织影响因素，明确食用农产品质量安全治理与产业组织优化的制度建设目标，构建改善食用农产品质量安全治理和优化产业组织的制度建设框架，并结合国内外相关实践经验的分析对比，为提升食用农产品质量安全治理能力和产业组织优化提出政策建议及保障措施建议。本书由7章组成，每章的研究内容及主要结论如下：

第1章，界定本研究的基本范畴、主要对象及关键变量的基本内涵，对产业内部组织、市场结构等对食用农产品质量安全影响的理论研究进行综合评述，对公共利益、风险治理、供应链治理等食品安全治理理论，以及国内外食品质量安全多元治理等理论与实践进行概述。通过对产业组织和食品质量安全治理相关概念和研究述评的整理，为相关领域的文献综述研究提供了参考，为本研究的后续展开奠定了理论基础。

第2章，基于对2015年以来全国各省食品抽检调查数据的整理与编码，通过定性与定量分析方法，对经营主体质量安全状况及问题进行多维度解析，描述中国食用农产品产业组织与食用农产品质量安全的总体情况及基本特点。根据抽检数据的整理结果，我国食用农产品质量安全总体状况呈逐渐趋稳向好的态势。本章创新之处在于将分析对象从产品转向生产经营主体，通过梳理农业产业内部组织规律，提出加强食用农产品质量安全治理亟须破解的三个产业组织难题，即产业组织化程度低、经营主体日趋多元化、市场结构调整步伐不断加快。主要结论为分析产业组织行为对加强食用农产品质量安全治理的影响提供重要依据。

第3章，食用农产品质量安全问题深层次原因是产业链各环节质量安全信息不对称，产业链上下游各环节经营主体利益联结机制较为松散等问题。本章以茶产业为例，利用Probit模型研究企业纵向一体化行为如何影响农产品质量安全绩效水平，并检验了其对强化企业质量管理及风险防范行为的影响机制。本章的创新之处在于选取了农业企业产品质量安全实际违规情况作为衡量其质量安全绩效水平的代理变量，引入纵向一体化程度这一关键控制变量，关注农产品质量安全第一责任人的质量管理与风险控制行为及结果，检验一体化组织行为对企业质量安全管理绩效的影响及作用机制。实证结果证明，纵向一体化对优化市场结构，提升食用农产品质量安全绩效水平具有显著促进作用。

第4章，重点探讨市场结构优化对提升食用农产品质量安全治理水平的作用机制。本章以中国生鲜猪肉产业为例，使用推测变差法（CV法）、Heckman两步估计法等研究方法，分析了市场势力对企业农产品质量安全绩效及风险防范行为的影响。实证结果证明，市场势力的提升对促进猪肉企业加强食品质量安全管理、降低风险发生概率具有积极影响。在此基础上，进一步分析了食用农产品质量安全水平如何影响消费者对安全优质农产品的购买行为，针对性提出提升高品质农产品品牌认知度，实施差异化品牌策略的对策建议。

第5章，以切实保障食用农产品质量安全作为产业组织优化的总目标，基于产业组织理论，通过逻辑推理、案例分析等方法，探讨通过优化产业组织提升食用农产品质量安全治理水平的制度建设框架。具体包含制度建设的三个具体要求：对产业组织进行有效规范以提高现代农产品经营主体治理水平，强调事前组织行为的预测与协调，以及强调提升组织长期绩效以保障食用农产品长期质量安全。此外，提出组织目标、对象、理念、手段等四个动能转换为主体的制度建设路径，以及制度建设总体思路。

第6章，利用比较分析、案例分析等研究方法，通过对发达国家与发展中国家食用农产品质量安全治理体系的比较，以及对国内实践经验进行典型案例讨论，深入探讨了合作社、家庭农场与企业等经营主体在保障食用农产品质量安全中的具体行为及措施，归纳出数字技术嵌入型、权威推动型与利益联结型等产业组织模式，并分析其在提高食用农产品质量安全治理能力中的实践特点。本章创新之处在于：通过全面比较国内外食用农产品质量安全治理经验，分析不同产业组织在加强食用农产品质量安全治理方面的有效模式，总结提出优化产业组织以提升食用农产品质量安全治理水平的有效路径。

第7章，综合前六章研究结论，从优化市场结构、加快农业产业高度化发展、提高农业产业合理化水平、推动农产品差异化与品牌化发展、利用数字化技术拓展农产品营销方式等方面，针对性地提出相应对策建议。并从激励约束、财税金融、土地流转与经营管理、技术创新与应用、人才培育、新型基础设施等方面，强调建立、完善并优化相关政策保障措施。

关键词： 食用农产品；质量安全；产业组织；治理；优化

Summary

Ensuring the quality and safety of agri-food products is directly related to the vital interests and basic human security of the people. With the development of productivity and the deepending of agricultural supply side structural reform, the people have shifted from "eating enough" to "eating well", the production and supply of major agricultural products have basically met the domestic market demand. As a result, the quality and safety issues of edible agricultural products have gradually become prominent. especially under the circumstance of the supply-side structural reform, which accelerates the structural adjustment of agricultural industry along with the scale expansion, cost control and technological innovation, promotes the change of market structure, and has a profound influence on the quality and safety governance of agri-food. The dilemma of quality and safety supervision of agri-food products needs to be broken through urgently, and the quality and safety governance of agri-food products needs to be optimized promptly.

The research focuses on the quality and safety of agri-food that are closely related to people's happiness and social stability and prosperity. Taking agri-food industry organization as the research object, the report systematically analyzes the multi-dimensional characteristics of the quality and safety status of agri-food in China and the internal logic of the quality and safety governance of the agri-food industry organization, on the support of the collation and coding of national food sampling data. Starting from the vertical integration of agri-food industry and the changes in the market structure of the industrial organization, the influencing mechanism of market structure and brand differentiation on the quality and safety performance of agri-food products and the prevention behavior of food safety risk of agri-food industry has been explored. The determinants of industrial organization on the quality and safety of agri-food have been summarized, in view of the clarification of the institutional construction objectives of quality governance and industrial organization optimization of agri-food products, as well as the construction of the framework for improving the quality and safety governance of agri-food and the optimization of industrial organization. The report wraps up with the policy suggestions and measurements for improving the governance capacity of the quality and safety of agri-food and optimization of industrial organization based on the analysis and comparison of relevant practical experience at home and abroad. A total of seven chapters are included in the report, of which the contents is as follows:

Chapter one, the basic scope and the concepts of the main objects and key variables of the research are defined; the theoretical researches of the impact of industrial organization and market structure on the quality and safety of agri-food are comprehensively reviewed and summarized, as well as the theories of food safety governance, including public interest, risk management and supply chain governance, combined with the practices of multiple governance of food quality and safety at home and abroad. Sorted through the definition of industrial organization and the reviews of food quality and safety governance, the research provides a reference for relevant literatures, which establishes a theoretical foundation for the follow-up research.

Chapter two, based on the sorting and coding of food sampling survey data since 2015, the quality and safety status and problems of agri-food industries are demonstrated from multiple dimensions through the methods of qualitative and quantitative analysis. The description of the overall situation and basic characteristics of China's agri-food industry organization and the quality and safety of agri-food are also presented. According to the results of sampling data, the overall quality and safety of agri-food in China is gradually stabilizing and improving. The innovation of this chapter lies in the changes of the focus from agri-food products to the entities of agri-food production and operation. Summing up the internal patterns of agri-food industry, three complexities of agri-food industrial organization are proposed, which is critical to be unraveled in improving agri-food quality and safety governance, including the modest in business scale, increasing diversification of business entities, and the changes of market structure. It provides important evidence for clarifying the regulation of industrial organization and the impact on the quality and safety of agri-food products.

Chapter three, the research clarifies that the information asymmetry among the main entities in agri-food industrial chain and the disconnection of the interests of the upstream and downstream on agri-food industrial chain are the underlying reasons of the issues of agri-food quality and safety. In this chapter, the case of tea industry is applied in the Probit model to explore how the vertical integration affects the quality and safety performance of agri-food products and their risk prevention behaviors. The innovation of this chapter is that it selects the actual violations of enterprises as the proxy variable of quality and safety performance, directly focuses on the behavior of core enterprises in the agricultural product industry chain, adds a measure of the degree of vertical integration, and analyzes its role in the impact on quality and safety performance. The conclusion proves that vertical integration has a significant positive impact on optimizing the market structure and improving the quality and safety performance of agri-food products.

Chapter four, the research focuses on the internal mechanism of market structure and the quality and safety of agri-food products. Taking pork industry as an example, the chapter analyzes the impact of market power on the quality and safety of agri-food products in China, applying the method of the Heckman two-stage method. The conclusion proves that market power has a positive impact on the risk prevention behavior of pork enterprises. In addition, this chapter further analyzes whether the improvement of the quality and safety of agri-food affects consumers' purchase behavior of agri-food product, and then proposes directly the countermeasures and suggestions such as classifying and cultivating brands, enhancing market brand awareness, and promoting the development of the brand of agri-food products.

Chapter five, based on the theory of industrial organization, ensuring the quality and safety of agri-food is treated as the overall goal of industrial organization in optimizing food safety performance, through logical inference and case studies. The chapter discusses the construction of institutional construction framework for improving the quality and safety governance of agri-food products and the optimization of industrial organization. Three specific requirements of the system construction goal are explored, including the requirement of effective regulation and governance of the main entities of modern agri-food industrial organizations, the prediction and coordination of organizational behavior in advance, as well as the improvement of the long-term performance of the industry organization in ensuring the long-term quality and safety of agri-food products.

Chapter six, on the basis of summarizing the agri-food safety systems of developed and developing countries, the comparative analysis, case studies and other research methods are applied to discuss the typical experiences of domestic practice. The prevention behaviors of cooperatives, family farms and enterprises on the quality and safety risk of agri-food products are further explores. The contribution of the part is that, based on the comprehensive comparison and summarizing of the development experience of home and abroad agri-food products, the research compares and analyzes the quality and safety behaviors of agri-food products in different agri-food industrial organizations, and summarizes the mechanism and implementation path of industrial organizations to improve the quality and safety governance of agri-food products.

The last but not the least, based on the research conclusions of above six parts, suggestions for optimizing industrial organizations are put forward, including optimizing the market structure, accelerating the advanced development of the agricultural industry, improving the rationalization level of the agricultural industry, promoting the strategy of product differentiation and branding, and expanding the digital empowerment on marketing method. Policy supporting system is also proposed, covering establishing incentive and restraint mechanism, strengthening fiscal and financial guarantees, improving land circulation and operation management systems, strengthening technical guarantees, enhancing human capital and skill, and improving the construction of new-type infrastructure.

Keywords: agri-food; quality and safety; industrial organization; governance; optimization

目　录

第 1 章　产业组织与食用农产品质量安全治理的理论与实践

1.1　研究背景与意义

1.1.1　研究背景

全面深入践行党的二十大报告提出的大食物观发展理念，是当前我国食物公共政策调整、优化与改革面临的新课题，尤其是关系公众基本需求与健康底线的食品安全治理问题。针对食品安全的基础与源头，如何全面贯彻落实大食物观的要求，切实有效提升食用农产品质量安全治理效能，是亟待深入研究与解答的重大问题。践行大食物观在供给侧极大推进了食物来源的拓展与多元化，必然对食用农产品质量安全提出更高要求与挑战（程国强，2023；朱晶，2023）。而需求侧，随着食物消费结构的升级与跃迁，面临如何通过强化营养健康导向以提升食物供应链运行效率，满足公众多元化、高品质需求的重大挑战（周应恒等，2023；白军飞，2023）。尽管宏观制度层面的解读明确了大食物观的理论指导、实践逻辑与政策选择（樊胜根，2022；周立，2023），但在推进食用农产品中观与微观治理等执行层面仍面临诸多理论难题与现实困境。特别是关系公共治理中共同意识形成与共同目标践行，以及在集体管理与决策框架中扮演重要角色的产业组织及其优化等方面，仍存在不少问题。因此，深入探索产业组织优化机制与路径，对提高农业资源配置与利用效率（钟甫宁，2021），推进食用农产品质量安全协同治理、社会共治（周应恒等，2022），具有重要的理论与现实意义。

2023 年中央 1 号文件明确提出，在积极构建多元化食物供给体系以保障重要农产品有效供给的基础上，进一步加大食品安全、农产品质量安全监管力度，不断健全追溯管理制度，确保食品及农产品质量安全问题得到有效解决。在政策实践中，加强对食用农产品质量安全治理的要求不断提高，不仅要明确各类农产品集中存在的质量安全问题，更要求精确定位治理对象，明确聚焦责任主体，实施精准管理，以有效规范经营主体行为，提高市场运行效率，提升食用农产品质量安全治理水平。作为食品安全监管“四个最严”（最严谨的标准、最严格的监管、最严厉的处罚、最严肃的问责）主要治理对象，生产经营主体是保障食品质量安全的第一责任人，也是产业组织优化的主要行为主体。然而，我国食用农产品经营主体较为复杂，面对不断变化的农产品市场结构，加强食用农产品质量安全治理主要面临以下三个产业组织难题：

首先，食用农产品生产经营主体规模偏小，产业发展动力不足。根据2017年公布的第三次农业普查数据显示，我国规模农业经营户仅有398万户①，占农业经营户比重不到2%；小农户数量占农业经营主体的98%以上，从业人员占农业从业人员的90%，经营耕地面积占总耕地面积的70%。小农户仍是中国食用农产品最重要的生产者（罗必良，2022；涂圣伟，2023）。从行业发展的角度，食用农产品行业集中度低，大规模种植、养殖企业数量少，且多以分散化经营为主。以生猪养殖业为例，根据《中国畜牧业年鉴》数据显示，2019年中国生猪养殖业年出栏1～49头的经营主体数量占比高达94.32%。小规模、分散化经营加剧了养殖业食用农产品质量安全隐患。如何突破规模瓶颈，加速产业组织变革，提高产业组织质量安全管理绩效与风险控制能力，是巩固并提升食用农产品质量安全治理水平面临的首要产业组织难题。

其次，产业经营主体更加多元化，产业组织行为日益复杂化，使食用农产品质量安全治理难度不断增大。食用农产品产业经营主体日益多元化，不仅包括农户、企业等传统主体，还包括农民专业合作社、家庭农场等新兴主体，影响质量安全的不确定性因素显著增加。同时，多元化经营主体通过成本与定价策略、研究与开发、新技术的采纳以及广告及品牌培育等产业组织行为，推动了现代农业实现产品差异化、经营一体化以及销售市场一体化等，对食用农产品质量安全产生深刻影响，成为提高食用农产品质量安全治

---

① 根据2016年《第三次全国农业普查方案》的规定，规模农业经营户是指具有较大农业经营规模，以商品化经营为主的农业经营户。以种植业和畜牧业（生猪）的认定标准为例：种植业规模要达到一年一熟地区露地规模100亩及以上，一年二熟及以上地区露地50亩及以上，设施农业设施占地25亩及以上；生猪养殖户生猪年出栏200头及以上。

理效率面临的第二个产业组织难题。

最后，食用农产品市场结构正在或者已经发生显著变化，对产业组织行为及绩效产生深刻影响，成为破解食用农产品质量安全治理难题的关键。一方面，随着农业及食品产业快速发展，食用农产品加工企业通过兼并、收购等经济行为，使产业集中程度不断提高（如肉制品、乳制品等），市场势力不断增强。同时，食品质量安全问题仍时有发生，大型甚至龙头企业亦不能独善其身。另一方面，随着产品差异化营销策略的应用与推广，市场销售及品牌战略在农业产业化经营中的重要性快速提升，对食用农产品质量安全治理的影响不容忽视。

1.1.2　研究意义

本书研究的理论及实践意义集中体现在以下三个方面：

首先，深入理解食用农产品质量安全治理中的产业组织矛盾及根源。通过揭示当前中国食用农产品经营主体及市场结构的现状、特点及变化规律，掌握各经营主体食用农产品质量安全基本状况，解析存在的主要问题、特点及规律，对准确识别质量安全问题成因及与产业组织动态变化的逻辑关联，具有重要理论与现实意义。

其次，揭示并阐明市场结构、主体行为与质量安全绩效之间的因果关系。产业组织理论中，关于市场结构、行为与绩效之间的逻辑关系，一直缺乏充分的因果解释。本书通过剖析农业与食品产业链整合、产业集中趋势及市场势力的影响及特点，判断前向一体化、市场结构及竞争格局的变化对食用农产品质量安全管理及风险防范行为是否造成显著影响，通过实证检验破解其深层作用机制，在完善相关理论、提高其解释力方面具有重要理论价值。

最后，突破治理困境，探索产业组织优化、质量安全治理能力提升的有效路径及保障措施。根据产业组织与质量安全治理的内在逻辑关联，构筑农业产业组织优化的制度建设框架，提出切实可行的有效路径及对策措施，对全面提升食用农产品质量安全治理能力，提高农业产业质量安全长期绩效水平，有效保障食用农产品质量安全等具有重要实践意义。

1.2　研究范畴及基本内涵界定

本书的研究范畴是食用农产品产业组织与食品质量安全治理内在逻辑关

系及作用机制，并提出优化农业产业组织、提升食品质量安全治理能力的政策及保障措施。主要研究对象及相关核心变量包括食用农产品、食品质量安全治理、产业组织及优化等。本书对上述概念的基本内涵进行了界定。

1.2.1 食用农产品

（1）食用农产品的界定与分类

本书对食用农产品的界定是依据相关法律法规做出的。2009 年颁布实施的《中华人民共和国食品安全法》第一章第二条明确规定，食用农产品是指供食用的源于农业的初级农产品。2014 年由农业部（现农业农村部）、食品药品监管总局（现市场监督管理总局）联合发布的《关于加强食用农产品质量安全监督管理工作的意见》第一部分进一步指出，食用农产品是指来源于农业活动的初级产品，即在农业活动中获得的、供人食用的植物、动物、微生物及其产品。其中，“农业活动”既包括传统的种植、养殖、采摘、捕捞等农业活动，也包括设施农业、生物工程等现代农业活动。“植物、动物、微生物及其产品”是指在农业活动中直接获得的以及经过分拣、去皮、剥壳、粉碎、清洗、切割、冷冻、打蜡、分级、包装等加工，但未改变其基本自然性状与化学性质的初级农产品。

比较国外对食用农产品的界定，美国农业部把“食用农产品”定义为源自耕作或放牧活动所获得的初级农产品，如乳品业、养蜂、水产品、家禽和禽蛋生产，以及任何同类活动或类似活动所获得的副产品。同时还列举了部分生鲜农产品（主要包括生鲜蔬菜、水果、鸡肉、活鱼等）的存储形态及条件。加拿大在其《加拿大农产品法》第二条第二款中，将“农产品”定义为动植物及其产品，包括饮料、食品等加工产品。日本在《农林产品标准和正确标识法》中，结合农产品基本特征与产业来源对农产品含义进行阐述，指出农产品既包括食物、饮料等经过加工的农产品，也包括直接来源于农业的产品或以其为原料、成分的产品。

根据食用农产品的内涵与外延可知，食用农产品具有以下两个基本特征：一是在农业活动中直接获得的、保持原自然形态的农产品，如瓜果、蔬菜等。二是经物理加工后未改变其原自然形态的食用农产品，如大米、生鲜肉、鲜奶、海鲜干货等初级加工农产品。食用农产品的基本分类见表 1－1。

表 1-1　食用农产品的分类

三大类	详细分类	加工程度	常见例子
植物类（人工种植和天然生长的植物的初级产品及其初加工品）	粮食①（供食用的谷类、豆类、薯类的统称）	粮食作物	小麦、稻谷、玉米、高粱、杂粮等
		加工处理后的成品粮及其初制品	大米、小米、面粉、燕麦片、甘薯片等
		粮食复制品	切面、饺子皮、馄饨皮、面皮、米粉等
	蔬菜②（草本、木本植物的总称）	生鲜蔬菜	蔬菜、菌类植物等
		干制加工处理	干菜（梅干菜等）
	水果③及坚果	生鲜水果	苹果、梨、香蕉等
		初加工处理	果干、坚果等
	茶叶④（茶树上采摘下来的鲜叶）	各种毛茶	红茶、绿茶、乌龙茶、白茶、黑茶等
	油料植物⑤	植物的根、茎、叶、果实等初级产品	菜籽、花生、大豆、葵花籽、芝麻籽等
		初级加工处理植物油和饼粕等	菜籽油、花生油、豆油、豆饼等
	糖料植物	用作制糖的植物	甘蔗、甜菜等
畜牧类⑥（人工饲养、繁殖取得和捕获的各种畜禽及初加工品）	肉类产品	兽类、禽类和爬行类动物的肉产品	牛肉、马肉、猪肉、羊肉、鸡肉等
	蛋类产品	禽、爬行类动物的卵	鸡蛋、鸭蛋等
		蛋类初加工品	鲜蛋、冷藏蛋等
	奶制品	鲜奶⑦	
渔业类⑧（人工放养和人工捕捞的各种水产动物）	水产动物产品	鱼、虾、蟹、鳖、贝类等	
	水生植物	海带、紫菜、龙须菜、浒苔、莼菜等	

资料来源：商务部、财政部、国家税务总局《关于开展农产品连锁经营试点的通知（商建发〔2005〕1号）》之附件《食用农产品范围注释》。

注：①以粮食为原料加工的速冻食品、方便面、副食品等不属于食用农产品范围。②各种蔬菜罐头不属于食用农产品范围。③各种水果罐头、果脯、蜜饯、炒制的坚果，不属于食用农产品范围。④精制茶、边销茶及掺兑各种药物的茶和茶饮料，不属于食用农产品范围。⑤精炼植物油不属于食用农产品范围。⑥各种肉类、蛋类、肉类熟制品、熟制的水产品不属于食用农产品范围。⑦用鲜奶加工的奶制品，如酸奶、奶酪、奶油等，不属于食用农产品范围。⑧以鱼油、油脂为原料生产的乳剂、胶丸、滴剂等不属于食用农产品范围。

（2）与食用农产品相关联的几个概念

首先，食用农产品与食品。根据《中华人民共和国食品安全法》第十章

第一百五十条规定，食品是指各种供人食用或者饮用的成品和原料，以及按照传统既是食品又是药品的物品，但不包括以治疗为目的的物品。食用农产品与食品的主要区别：一是原料来源于农业还是工业。食用农产品是以农产品为原料，而食品还可以从工业或者工矿中提炼萃取。二是是否存在加工。食用农产品是通过种植养殖直接获得的，而食品一般需要通过一定加工而成。三是初级加工还是深加工。食用农产品既可以不加工也可以经过简单加工，前提是不改变其基本自然性状与化学性质；而食品既可以是初级加工产品也可以经过深加工产品。由于食用农产品与食品之间存在包含关系，且食品覆盖范围比食用农产品的覆盖范围大得多，因此食用农产品属于食品。

其次，食用农产品与农产品。根据《中华人民共和国农产品质量安全法》第一章第二条规定，农产品是指来源于种植业、林业、畜牧业和渔业等的初级产品，即在农业活动中获得的植物、动物、微生物及其产品。食用农产品和农产品之间的区别在于是否可食用。例如，棉、麻、丝、毛绒纤维类、花卉、烟草、饲料、木材、橡胶等，符合农产品的定义，因此属于农产品，但不属于食用农产品。由食用农产品和农产品的定义可知，食用农产品与农产品之间也存在包含关系，且食用农产品的覆盖范围要比农产品的覆盖范围小得多，食用农产品属于农产品。

可见，食用农产品与食品、农产品之间存在紧密联系。三者的关系见图1-1所示。国家统计局数据显示，2022年中国居民人均主要食品消费量为397千克，而人均主要食用农产品消费量为335.5千克，主要食用农产品消费占食品消费比重为84.51%。食用农产品占据了居民食品消费量总体的绝大部分比重。

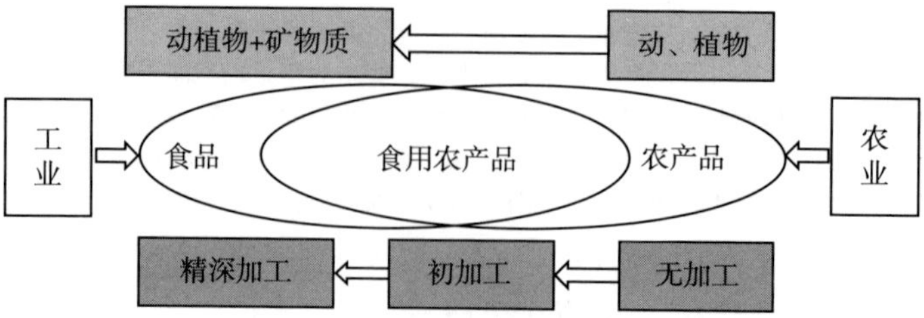

图1-1　食用农产品、食品与农产品三者关系图

1.2.2　食品质量安全及治理

（1）食品质量与食品安全

根据 ISO 9000：2000《质量管理体系——基础和术语》中对质量的定义，即一组固有特性满足要求的程度，食品质量也是由各种要素组成的，这些要素被称为食品所具有的特性。本书将食品质量定义为食品的特性及其满足消费的过程。国外学者大多将食品质量定义为决定食品特性的一组属性的集合。这些属性主要包括食品安全性（病原体、农药残留等）、营养性、外观评价（组成的完整性、口感）包装和处理过程（牲畜安全和环境影响）等。根据食品质量的定义，食品安全是食品质量的基本属性之一。

根据《中华人民共和国食品安全法》第十章第一百五十条规定，食品安全是指食品无毒、无害，符合应当有的营养要求，对人体健康不造成任何急性、亚急性或者慢性危害。结合《食品生产通用卫生规范》（GB 14881—2013）的相关条例可知，食品安全要求食品从原材料收获到加工材料的准备、生产、加工、储运和销售的整个过程中，均是无毒无害，整个流程的各个方面都符合营养与卫生要求。食品质量安全有三层含义：第一层，食品数量安全，即一个国家或地区能够生产居民基本生存所需的膳食需要的食品。基本要求是人们既能买得到又能买得起生存所需要的基本食物。第二层，食品质量安全，即提供的食品在营养、卫生方面满足和保障人群的健康需要。食品质量安全涉及食物是否受到污染，是否有毒，添加剂是否违规超标，标签是否规范等问题。要求在食品达到污染界限之前采取防控措施，防止食品受到有毒有害物质侵袭和污染。第三层，食品可持续安全，即从发展角度要求食品的获取需要注重生态环境的良好保护与资源的可持续利用。根据联合国粮农组织和世界卫生组织等（FAO/WHO）关于食品安全的相关定义可知，食品安全是指食物不会对消费者健康造成危害，无论这些危害是慢性的还是急性的。

中国对食品质量安全定义是指食品（食物）的种植、养殖、加工、包装、贮藏、运输、销售、消费等活动，均要求符合国家强制标准与要求，不存在可能损害或威胁人体健康的有毒有害物质，导致消费者病亡或者危及消费者及其后代的隐患。食品质量安全既包括生产安全，也包括经营安全；既包括结果安全，也包括过程安全；既包括现实安全，也包括未来安全。美国学者 Jones 将食品质量安全分为绝对安全性和相对安全性。绝对安全性是指确保不可能因食用某种食物而危及健康或造成伤害的一种承诺，也就是食物绝对没有风险。相对安全性是指一种食物或成分在合理食用方式以及正常食量的情况下不会对健康造成损害的实际确定性。后者在食品质量安全治理研究中更具现实可行性与政策指导意义。

（2）食品质量安全治理

食品质量安全治理是有关食品经营的各类主体以保障食品质量安全、确保公众健康为理念，协调相互之间的关系以求达到适宜的制衡状态，并维持食品安全秩序的过程。食品质量安全治理中“治理”一词诠释了解决食品安全问题所采用的方式方法。食品质量安全治理不同于食品安全管理，一方面治理强调参与主体的多元化，既包括政府机构等权力主体，也包括生产经营者、消费者、社会组织等其他主体，而食品安全管理主要强调的是政府机构在食品安全治理中所发挥的效能；另一方面，食品质量安全治理强调法律、道德、政策和社会责任等多种机制的融合应用。

1.2.3 其他相关概念

（1）产业组织

产业组织是指产业内、企业间的市场关系与组织形态。包括两层含义：第一层，产业内、企业间的市场关系，即同类企业间的垄断、竞争关系。具体表现为四种不同程度的垄断与竞争关系的市场结构类型，即完全竞争型、完全垄断型、垄断竞争型与寡占垄断型。它反映了产业内不同企业的市场势力差异、市场地位差异与市场效果差异。第二层，产业内企业间的组织形态，即同类企业相互联结的组织形态，如企业集团、分包制、企业联盟等。这些不同产业组织形态既根源于企业间技术关联的专业化协作程度，又取决于产业内企业间垄断与竞争的不同结合形态。产业组织与企业组织的区别在于产业组织对应的是产业内、企业间关系，而企业组织主要指企业内部组织，包括科层组织，如U形结构、H形结构、M形结构、X形结构，以及法人治理结构等。

（2）市场结构

市场结构是指某一市场中各种要素之间的内在联系及其特征，包括市场供给者之间、需求者之间、供给者与需求者之间，以及市场上现有的供给者、需求者与准备正在进入该市场的潜在供给者、需求者之间的关系。市场结构有三个组成部分：一是市场主体，即市场上从事经济活动，享有权利和承担义务的个人和组织主体。任何市场主体参与经济活动都有明确目的，主要以满足社会需要、追求自身利益最大化为目标。二是市场格局，即在市场经济条件下买卖双方在交换活动中所处的地位和相互关系。它取决于市场上商品的供给与需求状况。三是市场集中度，即某产业市场前几名企业市场份额占整个市场的比重。有两种衡量方式：一是绝对集中度，以该产业市场中最大的 N 个企业所占市场份额的累计数占整个产业市场的比重来表示；二是相对集中度分析，以洛伦茨曲线及基尼系数表示。根据产业组织理论，决定市场结构的主要因素有产业集中度、产品差异化水平、进入退出壁垒、成本结构等。

产业集中度，即行业内最大、最重要的企业在生产量、销售量、资产总额等方面对某一行业的支配程度。通常用这几家企业的某一指标（主要是销售额指标）占该行业总量的百分比来表示。反映了社会生产过程中企业规模扩大的过程，以及产业内资源在不同企业间分布的状况，是衡量产业竞争性和垄断性最常用的指标。产品差异化水平，即企业以某种方式改变属性基本相同的产品，使消费者接受产品存在差别性而产生不同偏好。主要分为垂直差异化与水平差异化，前者指生产出比竞争对手更好的产品，后者指生产出与竞争对手具有不同特性的产品。进入退出壁垒。其中，进入壁垒是指阻止外部企业进入而与原有企业进行竞争的各种障碍因素。贝恩（Joe S. Bain）认为，进入壁垒是指一个产业中原有企业相对于潜在进入企业的优势。这些优势体现在原有企业可以持续地使价格高于完全竞争水平之上而又不会吸引新的企业进入该产业。施蒂格勒（G. J. Stigler）更具体地指出，进入壁垒是一种在某些或每个产出水平上的额外成本，是打算进入该产业的新厂商必须负担，而在位厂商无须负担的成本。克拉克森等经济学家也持相同的观点。按性质可以分为经济性壁垒和非经济性壁垒。前者主要包括绝对成本优势、规模经济、产品差异化和供应链渠道控制等；后者反映为所在国家的产业政策及相关法律制度。退出壁垒是指现有企业在产业（市场）前景不好，企业业绩不佳时准备退出该产业（市场），但由于受多种因素的阻碍，资源难以转移出去。由于阻碍了在位企业灵活退出该产业或市场，就构成退出壁垒。具体决定因素包括沉没成本大、职工解雇难度大、联合生产问题、法律政策障碍、违约成本和企业信誉损失等。成本结构，即产品成本中各项费用，主要包括人力、原料、土地、机器设备、信息、通路、技术、能源、资金、政商关系、管理素质等，所占比重或各成本项目占总成本的比重。某项成本或费用占企业总成本比重越高，越容易构成企业主要风险。成本结构在很大程度上还受技术发展、生产类型和生产规模的影响。

（3）市场行为

市场行为是指企业在充分考虑市场的供求条件和与其他企业关系的基础上所采取的各种决策行为，或者说是企业为实现其既定目标而采取的适应市场要求的调整行为。在市场经济条件下，企业市场行为的目的是追求利润最大化，通常分为三类，即定价策略（价格行为）、品牌（非价格行为）和一体化（组织调整行为）。

第一，定价策略。定价策略是市场行为中十分关键的组成部分。价格通常是影响交易成败的重要因素，同时又是最难确定的因素。企业定价的目标是促进销售，获取利润。要求企业既要考虑成本补偿，又要考虑消费者的价格接受能力，导致定价策略具有买卖双方双向决策的特征。常见的定价策略包括折扣定价、心理定价、差别定价、地区定价、组合定价、新产品定价等六种。

第二，品牌。品牌是指公司的名称、产品或服务的商标，以及其他可以有别于竞争对手的标识、广告等，它构成了企业独特的市场形象，成为企业重要的无形资产。广义上，品牌是具有经济价值的无形资产，用抽象化的、特有的、能识别的心理与智能概念来表现其差异性，从而在人们的意识中产生一定影响的综合反映。科特勒（Philip Kotler）在《市场营销学》一书中认为，品牌的本质是给拥有者带来溢价、产生增值的一种无形资产。它通过名称、术语、象征、记号或者设计及其组合等载体，与其他竞争者的产品或劳务区别开来。其增值的源泉来自消费者心智中形成的关于这些载体的印象。它承载了顾客对企业产品以及服务的认可，是一种企业与顾客在交易过程中相互磨合衍生出的产物。

第三，一体化。一体化是指把若干分散企业联合起来，组成一个统一的经济组织。这种统一的经济组织可以是联合公司或企业集团。一体化经营的方式有横向一体化与纵向一体化两种。横向一体化是指把与本企业处在同一产业链阶段、具有不同资源优势的企业联合起来形成一个经济体，其实质则是提高系统的结构级别，开展与当前业务相同、相似或互补的活动。实现途径包括收购、兼并、基于契约关系的分包经营和许可证及特许权经营，以及基于产权关系的合资经营等。其优势在于实现规模经济，降低产品成本，巩固市场地位，提高竞争优势，减少竞争对手。缺点也不容忽视，即不同的企业文化在整合过程中由于协调关系复杂而使管理成本增加，产品质量难以保证，不利于产品生产与销售协调发展。纵向一体化是指一家企业通过控制产业链中不同环节的上游供应商和下游分销商，或自行向这些经营领域扩展，整合供应、生产和销售等过程，形成供产、产销或供产销一体化，以扩大现有业务范围的企业经营行为。在产品或服务的生产或分销过程中，需至少参与其中两个相继阶段经营，才称为纵向一体化经营。包含两层含义：一是企业组织结构现有状态，即企业在产品加工或经销各阶段上的延伸程度；二是企业行为，即企业通过纵向整合等手段，整合供应链另一加工或经销阶段的行为。

以上对本书主要研究对象及关键变量的内涵进行了界定。其中，食用农产品、食品质量安全、产业组织等是本研究的主要对象；农产品质量安全治理、产业组织行为及其优化（包括市场结构、产品差异化、进入退出壁垒、成本结构等），是本研究涉及的关键问题。它们之间的逻辑联系见图 1－2。现阶段，中国食用农产品市场结构正发生着显著变化，企业采取的价格策

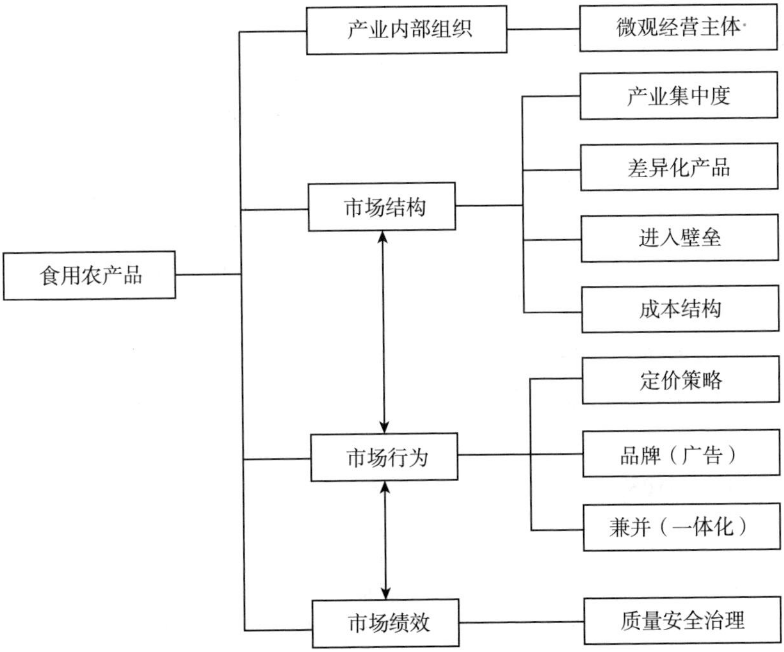

图 1－2　主要关键词的逻辑联系

略、品牌、广告、一体化等市场行为，导致企业质量安全管理行为的差异以及不同市场绩效水平，从而不可避免地对食用农产品质量安全治理产生深刻影响。

1.3 产业组织与食用农产品质量安全治理之间关系的理论述评

1.3.1 产业内部组织对食用农产品质量安全治理的影响

国外对食用农产品经营主体风险防范行为及成本影响的研究表明，食品安全规则影响农业企业生产经营成本及决策，造成企业可变成本增加和社会福利损失（Antle，2000）。如何以最低成本达到社会期望的食品安全状态，成为发达国家普遍关注的问题（Henson 等，1997；Henson 等，1999；Rouviere 等，2012）。也有学者关注农产品质量安全认知水平与控制意愿，尤其是产业内部组织的农产品质量安全控制意愿及农产品质量安全认知水平。产业组织中各经营主体对食品质量安全认知程度不同，供应商对食品质量安全认知程度高于小贩。企业食品质量安全控制意愿受企业负责人受教育程度、企业食品质量安全培训、健康证明等因素的影响（Siddiky 等，2021）。研究发现，企业组织内部管理中，影响食品安全问题频率与程度的主要因素包括缺乏安全、得当的持有行为，造成温度控制不当以及交叉污染等（Ackerley 等，2010）；生产环节可追溯性与检验强度、食品安全问题历史及风险意识等因素，对农产品质量安全水平产生显著影响（Jin 等，2021）。在探索产业内部组织食品质量安全影响因素过程中，学者构建了食品安全风险预警评估指标。Xiong 等（2020）参考欧洲食品安全局（EFSA）的新兴风险项目成果，以及 Kleter 和 Marvin 的食品安全预警框架，以现有肉类加工企业为例，构建了一个包括企业外部环境、内部风险和消费者关注的预警指标体系。通过敏感性分析与案例分析，证明了消费者对假冒伪劣产品关注度的提升对食品质量安全风险影响最大，其次为政策调整风险，第三位为原材料来源风险。但目前的研究仍停留在对影响因素的探讨上，并没有回答如何才能有效提升食品质量安全治理水平。

国内关于产业内部组织对食用农产品质量安全影响的研究大多从组织内在动机与认知水平、质量安全控制意愿与行为及其影响因素等几个方面进行分析。从内在动机与认知水平的角度，韩杨等（2011）选取了北京市 80 家以及山东省 32 家蔬菜加工企业，运用 Logit 回归方法检验了蔬菜加工企业实施追溯体系的动机、困境、企业上下游纵向协作形式及其影响因素等。研究发现，企业实施追溯体系的主要驱动力来自确保食品原料质量安全，获取政府政策支持与补贴，以及获取市场利益及履行食品安全责任等。任燕等（2010）研究分析了北京市八个农产品批发市场的三类微观经济主体，即经销商、购买者与市场管理者对农产品批发市场食品质量安全的认知情况。结论指出，上述微观经营主体对于农产品批发市场的食品安全质量意识仍然比较薄弱。余吉安等（2016）基于消费者行为理论，分析了消费者消费态度、心理以及对质量安全认知情况如何影响其食品购买行为，进而影响企业生产决策与质量安全管理水平。茆志英（2015）从食品经营主体出发，研究了中国农户产销组织的生产经营情况及食品质量安全状况，指出食用农产品生产具有规模小、分散化、组织化程度低等特点。结论强调应强化生产经营规模化、组织化、专业化，推进食用农产品商品化、品牌化，促进产业化、集群化与优质化，推动长效发展以促进和保障食品质量安全。从质量安全控制意愿与行为的角度，张蓓等（2014）基于对广东省 214 家农产品生产企业调查数据，采用结构方程模型检验了企业经营能力、供应链协同程度、信息共享程度等，对提高供应链核心企业农产品质量安全控制意愿的影响。周洁红（2006）通过对浙江省 396 户菜农的调查，研究了影响蔬菜质量安全的农户种植行为及其决定因素。结论指出，菜农关于农药对环境影响的认知以及蔬菜种植面积等，对菜农进行质量安全控制意愿及行为具有显著影响。其研究团队利用浙江省 99 家蔬菜加工企业调查数据，构建 Logit 模型，验证了经营规模、经济实力、认证水平、市场定位以及上游原料控制程度等，对企业加强质量安全管理投入的影响。

综上所述，国内外学者针对产业内部组织对食用农产品质量安全治理的影响做了大量研究，主要集中在产业内部组织对食品质量安全控制行为的影响及作用机制，产业内部组织提高食品质量安全的内在动机，产业内部组织的质量安全认知水平以及质量安全控制意愿与行为。但仍存在以下不足：一是由于各地区经济发展水平、政府监管力度以及经营主体行为存在差异，故对产业内部组织食用农产品质量安全控制行为的研究范围仍有待拓展；二是学者往往倾向于研究某一特定农产品（例如蔬菜、乳制品等）质量安全管理水平，缺乏对食用农产品整体质量安全管理状况的全面分析与评价；三是已有针对产业内部组织的研究主要集中于传统视角，例如生产加工企业、农户和大型批发市场等，缺少对新兴主体，包括农民专业合作社、家庭农场、超市等主体的研究；四是对产业组织及质量安全之间动态变化及逻辑联系缺乏深入分析和科学验证，不仅降低了结论的政策指导意义，也难以全面有效地提升食用农产品质量安全治理水平，不利于农业核心竞争力及长期绩效的提高。

针对目前研究的不足，本书基于食用农产品市场结构的变化，产业组织中微观主体日益多元化的发展背景，重点研究经营主体的成本与定价、研究与开发、新技术的采纳、品牌培育等产业组织行为对食用农产品质量安全的影响，深入分析优化产业组织与提升食用农产品质量安全治理水平之间的逻辑联系，探索提升质量安全治理能力的产业组织优化途径，对完善相关理论及政策措施具有重要研究意义与价值。

1.3.2 市场结构对食用农产品质量安全的影响

国外对市场结构的研究主要集中在探究市场势力或产业集中度的影响。Rao 等（2021）基于供给与需求函数计算了爱尔兰牛肉市场供需弹性，测度了爱尔兰牛肉加工企业的市场势力。研究结果表明，爱尔兰牛肉加工企业借助集聚的市场势力使销售价格高于边际成本，提高企业利润。Deconinck（2021）研究发现，农产品产业链的下游环节比农场环节的市场集中度更高，且农产品加工企业往往会利用自身有利的市场势力来攫取农民的利益，导致社会总福利的下降。Kliestik 等（2021）估计了 472 个独特的市场势力指数，并使用线性回归模型分析了市场势力的影响因素。

与国外研究聚焦于市场结构对农民利益与社会福利的影响，以及市场结构自身的影响因素不同，国内对相关问题的研究较为广泛，主要集中于市场结构中市场集中度、产品差异化、成本等方面，与提升食用农产品质量安全治理水平的逻辑联系。按研究类型可以分为以下三类：

一是侧重于分析市场结构对食用农产品质量安全的直接影响。钟真等（2014）从生产成本的角度出发，以奶业作为研究对象，提出优化各生产要素在奶牛养殖中的成本构成，有助于改善规模不经济对奶业质量安全造成的不利影响。余建宇（2015）的研究结果表明，由于存在信息的不完全性，当市场发育还不成熟时，提高产业集中度可以有效提高食品质量安全。张琦（2015）和周小梅（2016）等人的研究均证明，提高产品集中度可以通过提升企业声誉进而提高乳制品的质量安全水平。胡明敏（2019）通过对乳制品产业的经典案例进行分析，得出应当从合理分配质量成本角度出发提升乳制品质量安全水平。刘大维等（2019）提出线下食品经销的质量安全问题相对线上更多，原因在于线上经销模式承担的成本更高，进而影响质量安全水平。Wang等（2019）通过对我国生猪产业市场势力及企业食品质量安全违规情况的实证分析，证明企业市场势力的提升对食用农产品质量安全治理水平的提高具有显著影响，但其深层作用机制仍有待进一步挖掘。

二是探讨市场结构对政府食用农产品质量安全监管的影响及作用。主要观点认为，市场结构会影响政府的决策与监管行为。张云华（2007）认为食用农产品产业集中度会影响政府监管模式及监管资源配置。产业集中程度高的产业应实行单一部门监管，而产业集中程度低的产业应实行多部门联合监管。另一部分学者则认为政府可以通过监管影响市场结构进而提升食品质量安全。李志文（2016）利用乳制品行业的相关数据，实证分析了中国乳制品质量安全政策的实施对中国乳制品行业市场结构的影响，并提出政府对乳制品安全规制的增加可以提高产品质量安全的市场绩效。

三是在探讨市场结构与食用农产品质量安全的关系中，引入可追溯体系、标签、标准化等其他因素的影响。山丽杰等（2013）提出食品可追溯体系增加了产品差异化程度，从而提升了食品质量安全水平。费威（2014）认为垄断企业（市场集中度高）只有满足一定条件才会实施食品质量安全追溯体系。聂文静（2018）认为，在市场集中度较高时，引入食品标签可以提升具备一定市场势力的企业生产高质量产品的积极性。龚强等（2014）从产品差异化的视角分析得出不同程度的质量标准会影响企业的成本构成与定价策略，进而影响产品的质量安全。

以上关于市场结构与食用农产品质量安全治理之间关系的研究，主要集中于特定产业类型或具体影响路径的分析，缺乏对市场结构与食用农产品质量安全治理之间内在逻辑关联的系统性探讨，也未能深入解析市场结构变化对提升食用农产品质量安全治理水平的影响机制，导致提出的政策建议指导性不足。因此，为提出可供推广的制度建设思路，对上述问题进行广泛、深入的研究尤为必要。

1.4 食用农产品质量安全治理相关理论及实践

1.4.1 食品安全治理的公共利益理论

公共利益是指作为目标受法律保护，满足公众福利的利益，可以为公众带来积极影响。一般认为，公共利益的界定既是协调利益冲突、实现社会和谐的重要前提，也是降低交易成本、提高社会福利的基本途径。确保食用农产品质量安全是公共利益的重要组成部分，与私人利益或商业利益之间相互依存、和谐共生，但特定情况下也会发生冲突。根据斯蒂格勒（G. J. Stigler）于1971年提出的公共利益理论，强调当公共利益与商业利益没有发生冲突时，政府保护企业利益有利于提高市场运行效率；当两者发生冲突时，政府则应维护市场公平竞争秩序，保障每一个市场主体的合法权益，保护食品质量安全。这也体现了保障食品安全在公共政策领域的重要性。

1.4.2 食品安全风险治理理论

受自然因素、技术能力等制约，食品质量安全风险很难得到精准控制，导致任何一个国家都无法完全规避食品质量安全问题。不仅因为食品生产经营主体的复杂性与经营方式的多元化，政府监管的缺位以及质量安全信息的不对称性等都进一步加剧了食品质量安全治理的难度。最大程度保障居民食品质量安全，维护公众饮食安全、身体健康，是政府加强公共治理的重要目标。2007年由联合国粮农组织（FAO）与世界卫生组织（WHO）联合出版的《食品安全风险分析：国家食品安全管理机构应用指南》，标志着食品安全风险治理理论走向成熟（樊永祥，2008）。其中，风险治理理论主要包括风险评估、风险交流与风险管理等核心内容。指南明确指出，应借助科技进步、制度变革等综合性措施，联合社会各界力量，不断完善食品质量安全治理体系，有效约束经营主体行为，弥补政策缺位，才能达到有效预防并控制食品质量安全风险的目标。

1.4.3 食品安全供应链治理理论

供应链治理理论涉及种植、养殖、生产、加工、贮存、运输、销售、消费等多环节协同治理，注重全供应链覆盖及全程预防，强调各环节联系及统一，强化主体尽责与注重源头，要求治理力度向种植养殖与销售两端延伸，处理好供应链两端联系。与传统把生产加工环节作为保障食品质量安全唯一重心不同，供应链治理理论强调产业链各个环节的联系，突出全过程控制的重要性，即有效治理应该包括从种植、养殖到消费全程的治理，不应遗漏任何一个环节。政府在治理中应加强全程监管，精准到每一个生产经营主体，最大程度保障每一位消费者的权益。

关于食品安全供应链治理问题，国外学者已经进行了大量研究。Martino等（2006）、Raynaud等（2005）以及Menard等（2005）分别研究了国外质量安全目标、声誉、标准，以及交易成本与食用农产品供应链组织的选择问题。David（2020）针对食品从生产到销售环节的质量安全问题，提出利用信息加工理论和供应链协调理论实现对下游的产品溯源，可以提升食品质量安全治理能力。Dominik（2020）研究了欧洲国家实施ISO 22000标准对供应链物流过程的影响，旨在确定食品安全管理体系的标准化对提高整个供应链食品质量安全治理水平的作用。Jang等（2009）通过对美国猪肉企业供应链上合作关系与市场行为进行研究，证明了食用农产品质量安全与长期市场合约的履行密切相关。结论指出，合约结构的合理化能够提高猪肉企业履行长期合约的可行性，有利于增强消费者对猪肉质量安全的信任程度。Hou等（2020）从加强供应链治理角度，认为合同农业是提高农业与食品供应链纵向协调的主导形式，能够促进农场主安全生产行为，改善农产品质量安全。

1.4.4 国外食品质量安全多元治理理论与实践

国外学者对食品质量安全多元治理的研究主要集中于治理主体的多元化及信息技术的多元化等方面。治理主体的多元化方面，由于存在信息不对称等影响，仅借助企业供应链的完善仍不足以解决食品质量安全问题。Martinez等（2004）运用产业组织理论中SCP范式研究生猪养殖企业的市场行为及其市场绩效，认为合理的产业组织形式辅以有效的合同设计，可以有效避免信息不对称与机会主义行为造成的道德风险和“搭便车”问题，实现对猪肉质量安全的有效监督与控制。Gorton等（2006）分析了摩尔多瓦共和国的奶农和奶业公司的微观数据，认为信息不对称是导致质量安全的主要原因，提出奶业公司应通过建立乡村收奶站，引入多元治理主体，才能更有效确保奶源质量安全。Martino 等（2009）通过实证研究证明意大利生猪养殖业在加强质量安全治理中，技术投资与多元化治理主体密切相关、相互促进。结论指出，通过实现食品质量安全治理主体的多元化，提高保证质量安全的技术资金投入，才能稳步提升食用农产品质量安全水平。

食用农产品质量安全信息不仅是不对称的，也是不完全的。再加上外部环境的不确定性，传统治理模式已经无法有效解决现有食品质量安全问题。学者开始针对计算机、网络、通信技术等现代信息技术在解决食品质量安全问题中的大量实例，进行研究与探讨。Hernández（2020）对欧洲食品质量安全体系进行研究，追踪了食品从生产、加工到销售等各阶段存在的质量安全风险。结论认为，区块链技术的运用能够有效实现监管的可追溯性，推动食品质量安全数字化。Galstyan 等（2019）通过分析食品在加工、流通、储存等方面存在的质量安全问题，认为应该广泛引入现代数字化技术，不断推动传统治理手段的变革与创新。Chen（2021）研究表明，国外食品安全治理手段与数字信息技术融合较早，大幅提升了食品质量安全治理效率。

1.4.5 国内食品质量安全多元治理理论及发展

中国食用农产品质量安全问题较为复杂，同时农业及食品产业市场结构呈快速变化趋势。国内学者关于食品质量安全治理的研究，主要集中在完善食品供应链体系、推动治理主体多元化、提高治理行为主动性以及实现治理方式数字化等方面。基于供应链治理理论，Hu（2020）通过对中国食品质量安全现状、特征及风险隐患的描述，运用相关数据，分析了农产品供应链从生产、流通、消费到进出口贸易等关键环节存在的食品质量安全问题及其变化，提出应加强供应链质量安全管理，才能真正提高我国农产品质量安全的水平。陈瑞义等（2013）从产业组织结构、信息不对称以及关系质量等为切入点，分析了食品供应链存在的质量安全问题。该研究探索了如何建立以防范、监督和惩罚食品供应链“机会主义行为”为核心的食品供应链质量管理与激励机制框架。高小玲等（2014）从政府政策、产业结构、企业规模以及消费者需求偏好等角度，分析了影响食品质量安全的关键因素。研究表明，传统食品质量安全治理模式，如政府集权治理、质量安全信号、消费者食品质量安全意识等，已经不足以有效提高食品质量安全性，需要转向产业链纵向一体化治理。吴华清等（2014）基于区域产业链治理视角，通过对区域产业链四种治理模式的分析，总结提出有利于加强我国食品质量安全监管的治理模式。

对食品质量安全治理主体多元化的研究，目前主要集中在对政府、食品生产加工企业、消费者、社会团体等主体协同治理等研究方面。汪金胜等（2021）提出我国食品质量安全治理的模式需要实现多元主体参与，即政府与市场等主要利益相关者共同参与、平等协商、权责明确、协同治理。孟庆杰（2020）从涉及食品质量安全的相关核心利益主体出发，包括政府、食品企业生产经营主体、公众与消费者、社会团体等，从强化司法建设、健全政府监管体系、提高食品企业自律性、提升公众的食品质量安全意识等四个角度，提出提高食品质量安全治理水平的多元共治机制。高小玲（2014）结合产业组织的模式，采用多案例研究方法，分析了产业组织模式的依存情境、利益联结机制、激励约束策略、政府定位要素组合等对提高食品质量安全的作用。赵晓丹（2017）从企业绩效、相关利益主体（政府、企业、消费者）、内部管理、学习与成长等四个维度，构建了多元主体参与的食品质量安全治理体系。余吉安等（2016）提出消费者的消费观念以及自我保护意识会对食品质量安全治理产生巨大的影响。杜珍媛（2014）研究表明，需要通过政府、社会组织与市场三方协作，才能实现食品质量安全的高效治理。但上述学者的研究没有考虑到市场环境的动态变化对食品质量安全治理的影响。

中国农业与食品产业正经历快速转型升级的过程，提升食用农产品质量安全治理水平的难度也不断增大。如何有效利用现代信息技术提升食品质量安全治理水平，受到学术界以及政府的广泛关注。肖湘雄等（2020）基于“互联网＋”快速发展的背景，提出通过建立食品质量安全动态数据库，依托区块链技术，能实现对食品质量安全的大数据监管。白宝光等（2017）从信息不对称性、质量信号、外部性等三个角度出发，探寻了当前乳制品质量安全问题的根源。结论从创新乳制品信号的干预机制和外部性问题的规制机制两个角度，提出提高食品质量安全治理水平的有效途径。杨达（2017）研究提出构建食品生产与云技术相结合、食品流通与信息技术相结合的物联网模式，通过提升食品领域现代信息化实力，有效降低从生产到流通过程的食品质量安全风险。唐衍军等（2021）通过对生鲜食品冷链过程中存在的质量安全问题进行分析，提出建立食品质量安全区块链信息技术平台，利用区块链技术提高对食品质量安全的追溯能力。王冀宁等（2018）将物联网这一新兴技术运用到食品质量安全治理中，以有效监测原材料供应渠道及途径、食品生产加工的流程，以及食品物流及仓储的卫生情况等，及时发现并控制生产、流通、储藏等过程可能存在的质量安全问题，有效提升食品质量安全治理水平。潘晓晓等（2018）认为监管部门应积极运用大数据明确食品安全标准，并基于该标准严格实施相应的食品质量安全治理措施。上述学者均从现代信息技术、治理手段智能化等方面，探索了食品质量安全现代治理模式。但这些治理模式在不同经济发展区域的推广及实施效果，仍有待实践检验与客观评价。

本节讨论了食用农产品质量安全治理与产业组织优化关联的理论问题，重点围绕公共利益、风险治理与供应链治理三个核心理论展开。首先，公共利益理论指出，食用农产品质量安全治理不仅是为了保护公众基本利益，也是降低交易成本、促进社会和谐的重要途径。当企业利益与公共利益发生冲突时，政府必须优先保障食用农产品质量安全，以维护社会整体利益以及市场公平竞争秩序。其次，风险治理理论强调食用农产品安全治理的目标是尽可能降低风险，维护公众健康。该理论涵盖风险评估、沟通与管理三个主要方面，并客观认识到在技术与自然条件制约下食用农产品安全问题无法完全避免，应加强技术创新与制度变革等严控风险的发生与蔓延。最后，供应链治理理论强调治理应覆盖食用农产品供应链各个环节，实现全程控制，以确保食用农产品质量安全的高效监管。传统食品质量安全的治理单纯强调生产加工环节，现代治理理念则要求实现对供应链食用农产品质量安全风险全程防控，并积极引入多元主体的参与，强化各环节、各利益相关者之间的责任与联系。此外，多元化现代信息技术与智能化治理模式的运用，对有效提高食用农产品质量安全治理水平尤为关键。

第 2 章　产业组织逻辑规律及食用农产品质量安全问题解析

2.1　农业产业组织与食用农产品质量安全状况及特点

2.1.1　中国食用农产品产业组织状况及基本特点

（1）小规模、分散化逐步向规模化、集约化转变

自 20 世纪 80 年代中国实施家庭联产承包责任制改革以来，农业经营主体形成以农户家庭为主要生产、生活单位的农产品生产经营方式（周晓梅等，2022），农户家庭经营因此成为食用农产品主要生产经营组织类型。受耕地规模、生产要素及产品市场化水平等条件制约，长期以来中国农户食用农产品生产经营呈现规模小、分散化、细碎化等特征。受这些特征影响，农产品生产经营方式主要包括自给型、商品型以及两者相结合的兼业型三种。在耕地资源稀缺、交通不便、市场规模较小、市场经济发育相对滞缓的地区，主要选择以自给型为主、商品型为辅的混合型经营方式；在耕地资源相对丰富、交通便捷、市场经济发育相对较快的地区，主要选择以满足市场需求为主的商品型经营方式。伴随农村土地制度改革稳步推进，政府加大对新型农业经营主体发展的扶持力度。不仅种植养殖大户、家庭农场、专业合作社、农业龙头企业以及各类农业社会化服务组织蓬勃发展，“合作社＋农户”“企业＋农户”“企业＋合作社＋农户”等多种混合农业经营组织模式也不断涌现，促进了传统小规模、分散化、自给型小农户，向规模化、集约化、商品型现代农业经营主体转变。这一转型有效降低了市场交易成本，扩大了农产品经营的利润空间（马少春等，2023），为食用农产品产业组织优化与发展带来新的机遇与挑战。

（2）农产品经营主体组织管理体系不断调整与优化

随着收入水平、消费水平不断提高，公众对食品安全尤其是食用农产品质量安全的重视程度显著提升（徐振宇，2014）。为满足居民食物消费需求

的升级，政府不断完善相关法律规范与标准体系，加大对农业经营主体食品安全的监管力度。农产品市场准入环境的持续优化激发了农业经营主体提质增效的活力，也加快了食用农产品经营主体组织管理体系调整的步伐。各类经营主体通过改进质量管理体系、推广优质农产品认证，强化农产品品质及安全属性，对提升食用农产品质量安全治理水平产生积极影响。近五年来，中国食用农产品管理体系与产品认证数量快速增长。截至 2023 年 10 月，食用农产品管理体系证书认证数量达到 56 743 个，食用农产品管理体系组织认证数量达到 41 419 个（图 2－1）；食用农产品证书认证数量达到 92 104 个，食用农产品组织认证数量达到 45 584 个（图 2－2）。从 2019 年至 2023 年，食用农产品管理体系认证数量与食用农产品认证数量均呈快速增长趋势。越来越多的食用农产品经营主体通过优化内部结构，积极开展农产品认证与品牌建设，加强农产品质量安全管理能力与风险控制水平，以有效保障

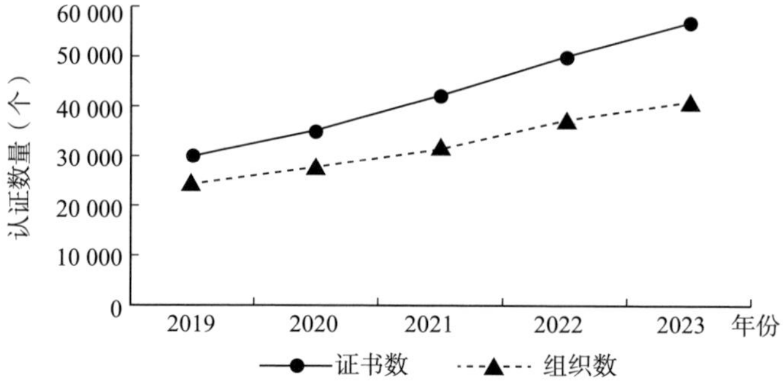

图 2－1　食用农产品质量管理体系认证数量

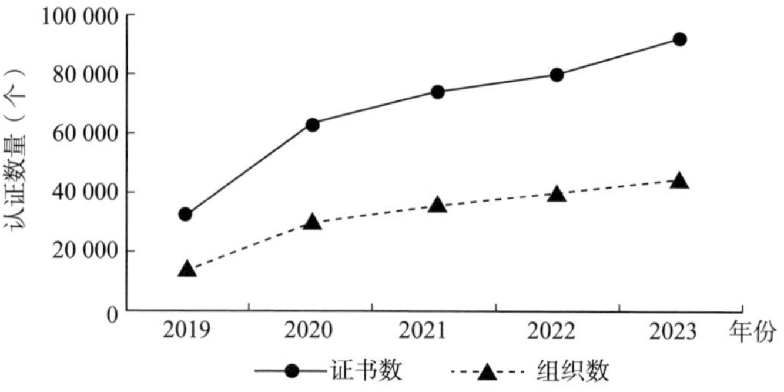

图 2－2　食用农产品认证数量

数据来源：中国绿色食品发展中心，2019—2023 年。

农产品质量安全、提高产品市场竞争力。随着食用农产品市场准入门槛不断提高，小规模农户与小微企业面临的竞争压力不断增大，迫切寻求组织模式转型升级。

（3）农业产业链不断延伸，促进食用农产品供应链各环节融合发展

产业组织边界的弱化加快了一二三产业融合发展（郭朝先，2023），形成了更加复杂的产业链条与产业网络。一方面，农业产业链的延伸推动产业集群发展，形成群体竞争优势与规模效益，有利于提升食用农产品质量安全水平、提高市场竞争力。同时，农业产业链的延伸也促进并加速了食用农产品供应链各环节的融合，形成具有数字化、智能化与网络化特点的新型食用农产品产业组织。在这个过程中，以农产品加工为中心的农业生产经营组织，通过向产前种植养殖与产后销售环节进行延伸，整合种子、农药、肥料等要素供应，促进了农产品生产、流通、销售各环节紧密衔接。食用农产品供应链各环节的融合发展不仅能提高生产环节农业投入品数量与质量的保障能力，还能有效保障运输与销售过程中农产品的质量安全，实现农业产业链整体质量安全管理水平与风险控制能力的全面提升。尽管农业产业链的延伸与融合发展提高了农产品供应链组织化和规模化程度，有利于促进农业产业组织结构调整与优化，但也会造成市场集中度提高、市场势力增强，增加农业经营主体垄断行为发生的风险，从而削弱市场竞争活力、抑制创新行为，对食用农产品质量安全治理水平的提高产生不利影响。具体影响及作用机制将在第三章与第四章进行深入分析与探讨。

2.1.2　食用农产品质量安全总体情况及变化规律

本书通过对 2015—2021 年七年间中国 31 个省、自治区、直辖市食品抽检数据的整理，分析了全国食用农产品质量安全总体情况及变动规律（图 2－3）。截至 2021 年，全国食用农产品抽检总体合格率连续七年稳定在 97％以上，食用农产品质量安全水平呈现平稳向好的趋势。这一结果与中国农业农村部公布的全国农产品例行监测总体合格率的情况基本相符[①]。食用农产品抽检不合格率稳步下降。2015 年全国食用农产品不合格率平均为

① “我国农产品合格率连续六年 97％以上”，《人民日报》2021 年 6 月 15 日 . https：//www.gov.cn/xinwen/2021－06/15/content＿5617617.htm.

2.14%，此后历年均低于2%，2021年不合格率平均为1.77%。不合格率下降的同时是政府食品抽检批次与频次的逐年增加。根据官方公布的抽检数据显示，2015年全国食用农产品抽检次数为37 755次，2021年全国食用农产品抽检次数提高了约9倍，达到323 285次。说明政府加大了食品质量安全监管力度，在提升质量安全治理水平方面取得了积极成效，食用农产品质量安全水平有了显著提高。

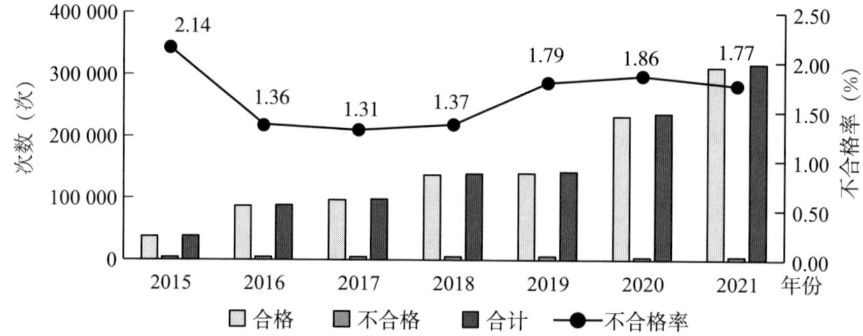

图2-3　2015—2021年食用农产品抽检次数及合格率情况

由于肉类、蔬菜、水产品以及水果等是当前居民消费的主要食用农产品种类，被抽检次数也最多。根据食用农产品分类抽检结果显示（图2-4），相对于其他几类食用农产品，水产品抽检不合格率最高，为3.58%；蔬菜不合格率为2.54%，畜禽肉及副产品不合格率为0.95%；奶类（含各类鲜奶）的抽检不合格率最低，仅为0.22%。可见，目前中国部分种类的食用农产品质量安全问题仍然比较突出，水果、蔬菜、肉类、水产品、蛋类、茶

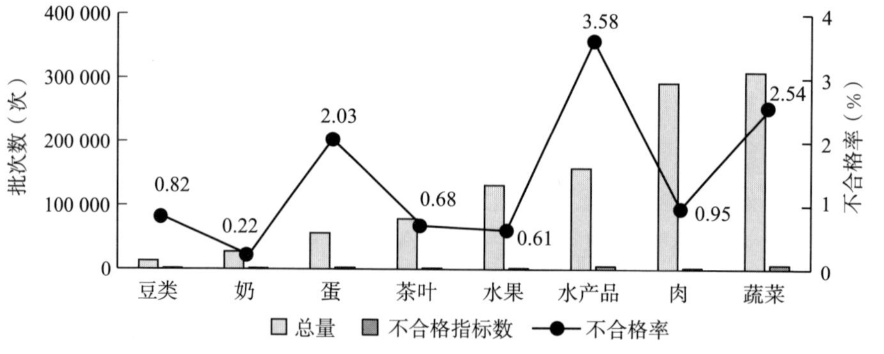

图2-4　2015—2021年食用农产品分类抽检次数及合格率情况

叶等食用农产品质量安全水平仍有提升空间。深入分析上述食用农产品存在的质量安全问题，探讨其质量安全治理与企业经营行为、产业组织行为、市场结构变化等存在怎样的逻辑关联，揭示其内在作用机制，对合理引导经营主体生产经营活动，有效规范产业组织行为，提高食用农产品质量安全治理水平及产业竞争力，具有重要的理论与实践意义。

2.2　农业经营主体组织概况及食用农产品质量安全治理情况

2.2.1　农业经营主体组织状况、基本特征及演变规律

（1）新型农业经营主体的增长与传统经营主体的转型升级

"大国小农"是中国食用农产品供应的基本现状，农户家庭生产经营依然是中国农业经营的主要组织形式。为加速农业现代化进程，促进农业实现高质量发展，政府出台了各项支持政策，加大资金投入，鼓励社会力量积极参与新型农业经营主体的培育及产业组织发展，促进了家庭农场、农民专业合作社、新型农业企业以及农业社会化服务组织的蓬勃发展，对食用农产品质量安全治理产生了深刻影响。

一方面，家庭农场、农民专业合作社等新型农业经营主体蓬勃发展。从 2018 年年底全国约 60 万家家庭农场、经营面积约 1.6 亿亩①，到 2023 年 10 月末纳入全国家庭农场名录管理的农场已有 400 万家②，仅用了不到五年时间。而农民专业合作社也得到稳步发展。全国依法登记的农民专业合作社从 2016 年的 179 万个，增加到 2023 年 10 月末的 221.6 万家，其中种粮合作社达 54.2 万家，生猪产业合作社 13.2 万家，专业合作社联合社 1.5 万家，集中分布在山东省、安徽省、湖北省、江苏省等中东部农业大省。另一方面，农业企业等传统经营主体也实现了高质量发展与转型升级。至 2022 年末，全国县级以上农业产业化龙头企业 9 万余家，其中国家级重点龙头企业 1 959 家（高杨等，2023）。新型农业企业在生产经营规模、科技引领创新、农业品牌建设、联农带农、市场竞争力等方面都有显著提升，发挥着带领乡村产业发展、推动乡村全面振兴的模范作用，成为建设农业强国的重要力

① 亩为非法定计量单位，1 亩≈667 平方米，下同。

② 农业农村部．对十四届全国人大二次会议第 1637 号建议的答复．农办议〔2024〕273 号．http：//www.moa.gov.cn/govpublic/ncshsycjs/202408/t20240802_6460213.htm.

量。随着新型农业经营主体数量稳步增长，传统农业经营主体加快转型升级，农业产业发展质量日益提升，极大促进了食用农产品产业组织的持续优化，食用农产品从数量到质量安全水平都得到显著提升。但是，农业产业经营主体的日益多元化使其组织行为、策略选择更加复杂，导致影响食用农产品质量安全的不确定性因素显著增加。

（2）农业产业经营水平与营收能力稳步提高

通过开展多元化经营，农业产业经营水平快速提升，实现产业营收增加。据2023年农业农村部统计数据显示，超过50%的家庭农场年经营收入在10万～50万元，平均净利润在11.6万元，比传统农业经营方式展现出更高的营收能力。农民专业合作社的经营性收入也显著提高，资产总额不断增加。以农民日报社2023年组织评选出的中国农民专业合作社500强为例，2022年平均经营收入为2 459.99万元，比2021年增长10.89%；2022年平均资产总额为1 827.99万元，比2021年增长9.37%（高杨等，2023）。农业合作社通过利用当地资源禀赋，不断提高产品附加值，与农业企业、家庭农场等形成合作，提高产业化经营的深度与广度，整体经济实力实现稳中有进、稳中提质。

新型农业企业的营收整体保持持续增长态势。以全国500强农业企业为例，2022年总体营业收入总额达到57 573.69亿元，企业平均营业收入为115.15亿元，相比2021年增长11.21%。营业收入排名前十位的500强农业企业资产额占行业总额的34.15%（高杨等，2023）。由此可见，农业龙头企业所占份额仍然偏大，行业集中度逐步提高。同时，在资产总额、营业收入和净利润等方面，部分大型企业仍占据显著优势，小规模企业则通过加快结构调整提高盈利能力。政府在培育具有示范带动作用的“龙头企业”的同时，积极鼓励企业和行业的多元化发展，增强市场活力和多样性。

（3）农业及食品产业经营主体之间联系不断增强

随着一二三产业融合发展，食用农产品产业链条不断延伸。随着国家深入推进全国统一大市场建设，农业产业逐步形成以农户家庭经营为基础，合作与联合为纽带，社会化服务为支撑的立体式复合型新型农业经营体系。在这样的发展背景下，为应对食用农产品市场的波动，专业大户、家庭农场、农民专业合作社和龙头企业等经营主体之间的联系越发紧密。农业产业化及组织模式随着时间、地点的不同而发生变化，从传统的“公司＋农户”“公司＋基地＋农户”“公司＋合作社＋农户”等产业组织模式，向更加多元化的方向发展。农业及食品产业经营主体之间的联系逐步加强，不仅重视横向联合，同时注重纵向协作，加速了关联产业一体化进程。

有效、统一的大市场有助于各类新型农业经营主体加快融合发展，充分发挥各经营主体自身优势，将简单的竞争替代关系升级为合作共赢的互补关系，加速了农业及食品产业链不断延伸。农业产业链涵盖农产品种植养殖、食品加工、种子饲料、物流储运等各环节和主体。加快农业产业一体化进程，意味着不断加强产业链上各经营主体之间的联系。实践中，国家在扶持重点农业产业发展过程中，培育大型农业企业，为其他经营主体提供社会化服务、技术指导与组织支持，通过合同联结、股份合作等方式，紧密联系家庭农场、农业合作社等新型经营主体，实现多元联动、协同发展，不断完善上述主体之间的利益联结机制，大幅提高农业全产业一体化程度。

2.2.2　农业经营主体质量管理与风险控制措施

食品行业作为保障民生的重要产业，关系人民群众的切身需求，食用农产品质量安全是每个经营生产主体必须坚守的底线。按照《中华人民共和国食品安全法》以及《中华人民共和国农产品质量安全法》的规定，各级政府及市场监管部门逐年加强了对食用农产品质量安全监管力度，在确保食用农产品质量安全的同时，助力农业及食品产业绿色化转型升级与高质量发展。根据官方公布的食品抽检数据显示，中国各类农业经营主体加强食用农产品质量安全管理的主体意识在增强，但仍存在进一步提升空间。

本研究对全国31个省、自治区、直辖市2015—2021年食用农产品抽检数据进行了提取、汇总、处理与分析。共整理食用农产品抽检数据1 067 874批次，发现不合格样品17 810批次，抽检不合格率为1.67%。对上述不合格批次的各类生产经营主体进行编码识别发现，主要食用农产品生产经营主体包括企业、合作社、家庭农场等生产主体，以及农贸市场等不能识别生产源头的流通主体。其中，企业抽检不合格批次高于其他几类生产主体，不合格指标也最多，占总不合格指标的63%（图2-5与图2-6）。家庭农场与合作社的不合格指标数相对较少且比较稳定，特别是家庭农场只在2016年抽检出3项不合格指标。2017—2020年企业、合作社及其他经营主体都保持相对稳定。

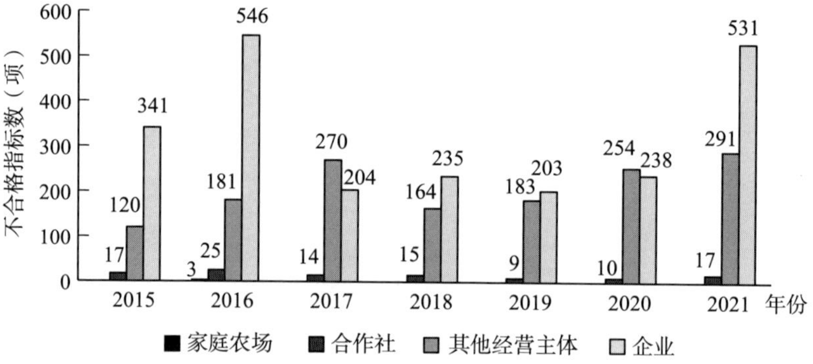

图 2-5　2015—2021 年不合格指标数分布

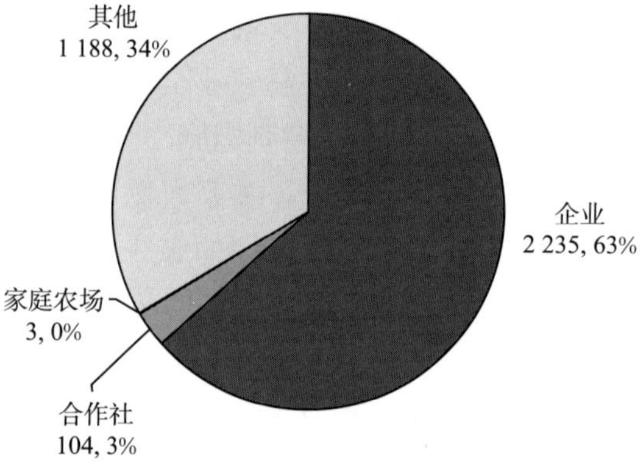

图 2-6　各经营主体不合格指标数占比

数据来源：课题组调研整理。

面对政府、消费者对食用农产品质量安全重视程度的提高，各生产经营主体积极采取各种措施加强质量管理和安全风险控制。以农业龙头企业为代表，首先，企业投入大量资金生产研发各种智能管理系统，研发先进的生产技术，包括食品安全检测设备、生产线监控系统等，以确保产品质量和安全。其次，不仅对原料生产基地进行质量监控，也对内部生产加工环节进行质量控制，以各层级产品质量和卫生标准为依据，不断对生产工艺进行改善。同时，充分发挥市场份额优势，通过平台收集消费者使用感受与体验回馈，开展以消费端为导向的质量控制。此外，借助信息技术和各种网络信息平台构建质量安全全程追溯体系，实现农产品产前、产中、产后全过程的“数据可报、质量可控、消费可信、问题可溯”。盒马村就是一个典型的案例。

农民专业合作社在严格监管下利用自身优势，统一进行农产品收购、加工与销售，实现了产供销全程质量监控与风险防范。以陕西省兴平市金鹏农业专业合作社为例，合作社在法律法规的约束下形成了适合自身的规章制度，规定生产相关事项。同时，合作社采用“合作社＋基地＋农户”的方式，实现了统供、统种、统管、统销一条龙服务，为社员提供生产资料，为农户提供技术运用培训，降低了生产成本。合作社通过优选良种、机械作业、严格监控和贯彻落实“两品一标”质量管理要求等，实现了增产增收、质量溯源。不仅如此，合作社还制定《辣椒追溯管理制度》，将产品纳入农产品质量安全追溯系统，实行“追溯码”管理，建立“生产记录、信息查询、产品流向、责任追究”可追溯机制，针对上市的辣椒产品，合作社实施“一物一码”销售方式，实现了产供销全程质量监控。合作社还联合其他家庭农场和种植大户，申报“兴平辣椒”地理标志证明商标，打造区域公用品牌，引导农户绿色生产。

家庭农场是中国农业高质量发展的主力军。目前，中国示范性家庭农场主要通过农旅双线共同发展，发展特色种植养殖，采用立体农业、生态农业、循环农业等生产方式，有效保障了农产品的质量与安全。受规模相对较小的制约，能否获得技术、资金以及管理等方面的支持，是家庭农场有效控制食用农产品质量安全的关键。有效加强家庭农场质量安全管控，重点突出在以下三个方面：首先，采用农业科学技术节本增效，利用全套农机设备节本增效，引进新品种实现优质优价。其次，坚持绿色发展理念，采纳绿色生产技术。通过采用轮作休耕模式，提高土壤肥力，采用优质新品种并大力实施精准施肥、节水灌溉和温室种植等技术，实现环保增收的目的。最后，利用订单农业实现多方联合。家庭农场可以与企业基于订单和合约以构成紧密利益共同体，既有利于解决农产品卖难的问题，确保经济收益，还能通过服务带动种田大户、小农户等主体，保障农产品质量安全。

小规模农户对农产品质量安全的控制与风险防范行为，大部分源自自身对农产品质量安全的认知。对质量安全的认知水平，成为影响着农户加强农产品质量安全控制的重要因素。因此，各农业机构与产业组织不断加大对农户的宣传与教育，提高其环保意识与安全意识，提升农户对农产品质量安全的认知水平。目前，政府对农产品质量安全监管重心仍主要放在加工、流通等环节，农产品源头的质量安全监管相对薄弱。对农户主要采取补贴与奖励等各项激励措施，引导其优化要素投入、进行绿色生产。而农民文化程度相对较低，法律意识淡薄，正式制度对其生产行为的约束有限。在缺乏有效监督与约束机制的情况下，因无法追溯农产品源头导致质量安全风险事件时有发生。如何优化产业组织，加强对农产品源头质量安全监管，是目前亟待解决的问题。

2.2.3 农业经营主体食品安全责任的履行

（1）积极提升质量管理体系，主动参与自愿性产品认证

近年来，中国农产品质量安全认证持续快速发展，生产经营者逐渐从被动接受转变为主动参与。产品认证以绿色食品、有机农产品和农产品地理标志认证为代表。截至 2023 年 10 月，食用农产品管理体系证书认证数量达到 56 743 个，食用农产品管理体系组织认证数量达到 41 419 个；食用农产品证书认证数量达到 92 104 个，食用农产品组织认证数量达到 45 584 个（中国绿色食品发展中心）。食用农产品产业组织进行质量安全认证行为的意识正逐步加强，通过组织自愿认证，提供了明确的市场价格信号，可以规范农户生产行为，进而改善农产品的品质。此外，承诺达标合格证制度在食用农产品的质量安全方面也发挥了重要作用。2019 年承诺达标合格证制度进入全国试行阶段，2023 年该项制度正式施行，承诺达标合格证体现在“达标”和“承诺”两个层面：一方面要求食用农产品的生产要符合食品安全国家标准；另一方面生产经营者要对检测内容做出承诺，是市场准入和质量安全追溯的重要载体。在试行过程中部分省份发挥了很好的示范作用。以贵州省为例，根据贵州省农业农村厅数据，截至 2022 年 12 月全省有 6 406 家生产主体自行开具承诺达标合格证，主体试行率达 90.24%，覆盖畜禽肉及副产品、水产品、蔬菜、蛋类和水果类等 5 类食用农产品品类，通过将已办理营业执照的食用农产品生产主体纳入食用农产品承诺达标合格证系统管理，提升了农产品质量，监管从政府主导转为以市场为导向。由此可见，从农产品质量认证到承诺达标合格证试行到完全施行的过程，体现了我国生产经营者

从被动接受阶段逐步过渡到主动参与阶段，引导农业生产经营主体强化“自律”意识，有利于我国经营主体食品安全责任的履行。

随着人们对食品安全重视程度的提高，政府和食品企业开始加强食品质量安全控制，并高度重视 HACCP 认证体系的建设，HACCP 的研究、应用与推广不断深入。《中国 HACCP 应用发展报告（1980—2021）》表示，截至 2021 年 9 月，中国已经有 109 个第三方认证机构获得国家认监委批准并具备开展 HACCP 第三方认证的资格；有 7 513 家餐饮、食品加工企业获得了 HACCP 认证；有 7 个第三方认证机构获得批准，具备开展乳制品 HACCP 第三方认证的资格，532 家乳制品企业获得乳制品 HACCP 认证。该体系是食品企业普遍采用的一种确保产品质量安全的措施，备受国际食品企业的认可和青睐。中国婴幼儿配方食品、肉制品、乳制品等因严重食品丑闻事件而受到重点关注的食品行业中，监管部门积极鼓励并推动企业建立和实施 HACCP 体系。大部分企业受制于企业成本、人才培训和管理等影响，尚未对产品进行认证，当前相关食品法规也并未对企业进行 HACCP 体系认证有强制性规定。但随着 HACCP 体系认证相关标准和法律法规的进一步完善，中国一些大型食品企业已经建立了完善的 HACCP 体系，中小型食品生产企业也逐步意识到 HACCP 在食品安全管理中的重要性，并开始积极引进和应用 HACCP 体系，以实现食品的质量安全控制。

（2）农业及食品企业主动参与质量安全信息披露活动

企业社会责任报告（CSR 报告）中公开产品质量安全信息正成为食品企业向利益相关者，特别是向消费者披露企业食品质量安全管理及风险控制措施及效果的重要方式。食用农产品质量安全治理作为一项长期、复杂且艰巨的工程，需要农业及食品生产经营主体提高自律意识，主动参与产品质量安全信息披露活动。随着农业及食品行业竞争日益激烈，而市场销售的食用农产品质量良莠不齐，“信任品”属性越来越受到消费者重视等，都在强化企业切实履行社会责任、主动披露产品质量安全信息。以光明乳业为例，最初上市时光明乳业并未发表 CSR 报告，且并未包含食品质量安全内容，直至 2012 年因食品质量安全事件引发公众对品牌的信任危机。此后，光明乳业公司的 CSR 报告中清楚包含了食品质量安全方面的内容。食品质量安全信息披露正成为消费者对农业与食品企业及其品牌信任度的关键影响因素。

中国企业社会责任信息披露仍处于起步阶段，特别是农业及食品行业还没有形成相应规范与标准体系，且国家法律法规也未对如何披露进行强制性规定。尽管一些大型企业已经开展信息披露，但很多企业没有单独披露社会责任信息或者披露内容质量不高。总体而言，农业及食品企业社会责任感仍有待增强。政府推动农业及食品企业主动披露社会责任信息，特别是产品质量安全信息，将有助于提高消费者对企业认可度与信任度，增强企业核心竞争力、推动企业高质量发展，也是提升食用农产品质量安全治理水平的重要方式。

2.3 食用农产品及经营主体质量安全状况与风险因素的多维度解析

食用农产品质量安全问题不仅涉及食物自身物理、化学和生物学等性状，也与生产经营主体的行为密切相关。从食用农产品种类与生产经营主体出发，对食用农产品质量安全问题进行多维度解析，才能揭示质量安全问题的全貌及主要特征。本书从时间、空间以及供应链三个维度，对食用农产品、生产经营主体的质量安全状况进行全方位解析；在此基础上，进一步增加了经营主体、产品种类等共五个维度，重点对存在的食用农产品质量安全风险因素进行全面比较分析。分析结果有助于深入探讨食用农产品质量安全治理与产业组织优化之间的影响因素及逻辑关联，以及内在作用机制。

2.3.1 主要食用农产品种类质量安全状况的多维度解析

根据中国农产品供给情况以及居民农产品需求特征，本书将食用农产品划分为八大类，即畜禽肉及副产品、蛋、奶、蔬菜、水果、豆类、水产品和茶叶。利用 2015—2021 年政府食品抽检结果，从时间、空间以及供应链三个维度，对上述八大类食用农产品质量安全状况展开深入解析。

（1）时间维度

通过时间维度的比较分析，有助于全面了解食用农产品质量安全问题的动态变化特点，进而预测未来发展趋势（图 2-7）。

伴随国家大力推进农业供给侧结构性改革，农产品供应量逐年增加，质量安全水平也得到全面提升。与此同时，收入水平的提高带来果蔬、肉类等需求快速增长，加上农产品供应链的不断延伸，导致农产品质量安全风险控

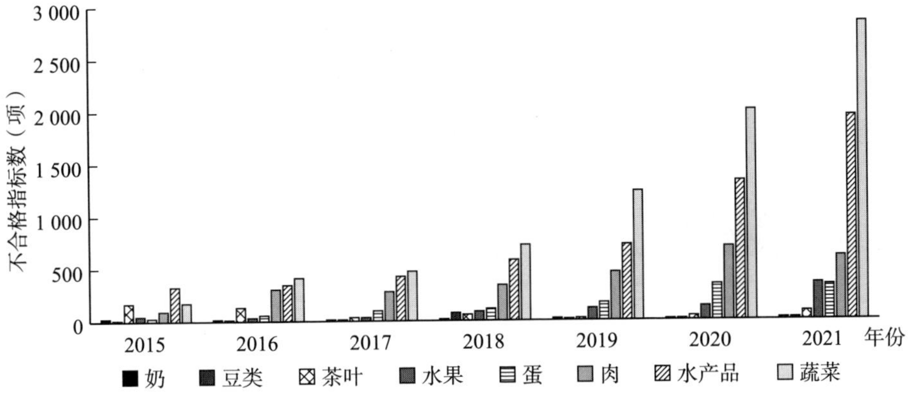

图 2-7　2015—2021 年主要食用农产品种类抽检情况比较

制难度逐步增大。因此，随着政府抽检批次的增长，不合格项目也有所增加。根据 2015—2021 年中国八大类食用农产品抽检结果，蛋类、蔬菜、水产品、畜禽肉及副产品等主要食用农产品抽检不合格批次的数量整体呈递增趋势。2015—2017 年上升速度较慢，2018—2021 年不合格项目快速上升。其中，茶叶不合格项目数量呈先降后升趋势，不合格项目数从 2016 年的 133 项下降到 2017 年的 35 项，但 2021 年有所上升。可以看出，目前中国食用农产品质量安全问题仍然存在，特别是一些主要种植养殖品种，抽检合格率有待提高，质量安全治理能力与水平仍需提升。

（2）供应链维度

随着农产品供应链不断延伸，各环节均可能出现不同程度的质量安全问题。为全面客观地反映中国食用农产品质量安全状况，从供应链维度解析食用农产品质量安全状况尤为必要。根据供应链各环节抽检结果（图 2-8），生产、流通、餐饮环节食品抽检不合格批次分别为 709 次、18 051 次以及 203 次，分别占不合格批次总量的 3.74%、95.2%和 1.06%，食用农产品质量安全抽检不合格情况主要发生在流通环节，生产环节与餐饮环节相对较少。分析被抽检单位信息发现，流通环节抽检对象主要包括农贸市场、超市、购物中心等销售场所售卖的生鲜农产品，餐饮环节抽检对象主要包括餐馆、酒店、食杂店、快餐店等使用的生鲜食材。无论是流通还是餐饮环节，普遍存在不能溯源至产地及种植养殖农户的问题。

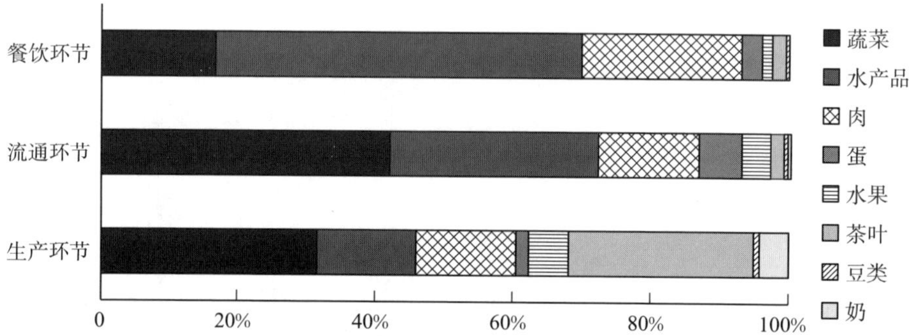

图 2－8　供应链维度主要食用农产品种类抽检结果比较

供应链各环节食品抽检不合格情况存在显著差异，原因与生产、流通、餐饮环节食用农产品面临的质量安全风险不同有关。在生产环节，食用农产品主要受到农药残留、重金属污染等环境因素以及农户种植养殖行为等因素影响；在流通环节，主要受运输储存条件、储藏时间、运输空间距离等因素影响；在餐饮环节，主要受食物加工、烹饪环境和卫生条件等影响。比较八大类食用农产品在生产、流通、餐饮环节的抽检结果（图 2－8），水产品、肉类、蔬菜、蛋、水果等农产品在流通环节抽检不合格占比最高，原因与这几类农产品作为生鲜产品易腐烂、易损耗的特征有关。奶类和茶叶在生产环节抽检的不合格批次较高。奶类在生产过程中容易受细菌、抗生素或者其他污染物的污染；茶叶采摘周期较短，容易出现农药残留。

2.3.2　食用农产品主要经营主体质量安全状况的多维度分析

根据中国农业生产经营主体主要类型及特点，本书重点分析了合作社、家庭农场以及农业企业等主体食品质量安全状况。农民作为自然人，其种植养殖产品的质量安全难以追溯，而政府公布的食用农产品抽检数据中存在大量被归入“其他”的无法溯源的批次。利用这一类型间接反映农民种植养殖产品质量安全状况，存在一定的合理性。通过比较 2015—2021 年政府食品抽检数据，从时间、空间以及供应链三个维度，对上述四类农业生产经营主体的质量安全状况进行分析。

（1）时间维度

根据 2015—2021 年政府对四类农业生产经营主体食品抽检结果，不同经营主体不合格指标总量差异大（图 2－9）。其中，“其他”经营主体最多，家庭农场最少，合作社与企业居中。合作社食品抽检不合格指标数量总计 107 个，总体变化相对平稳。家庭农场的抽检结果除了在 2016 年有小幅波动外，其他年份均没有明显变化。“其他”类型经营主体食品抽检结果 2016—2021 年起伏较为明显，呈现先增后减再增的趋势，并且 2017—2021 年变化最大，不合格指标数分别为 270 个和 291 个。农业企业 2016—2021 年的抽检不合格指标数总计为 2 298 个，占比最高，同时波动幅度也最大。总体而言，2015—2021 年不同农业生产经营主体之间食用农产品抽检不合格指标数量呈现较大差异，企业与“其他”类型经营主体的不合格项目指标数量占比最高，且呈现较大波动；同期合作社与家庭农场的抽检不合格指标数量较少，年际之间波动也较小。

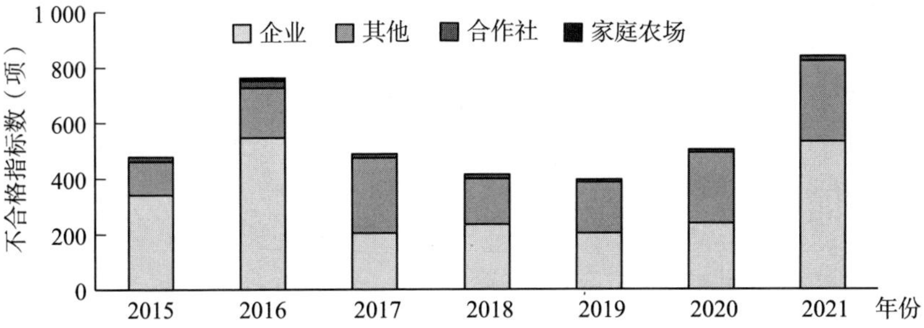

图 2-9　时间维度各经营主体食用农产品抽检情况比较

（2）空间维度

根据对全国 31 个省份农业生产经营主体食品抽检数据的比较分析，对企业及“其他”经营主体的食品抽检在全国分布最广，基本实现全面覆盖。企业抽检不合格指标数量主要集中在东部沿海地区，以及贵州、甘肃、四川等地；贵州、福建、广东、甘肃、四川、安徽的抽检不合格数量分别为 169 个、158 个、139 个、123 个、116 个、115 个，占比分别为 7.56%、7.07%、6.22%、5.50%、5.19%、5.15%；北部与西部地区不合格数量较少，占比均低于 5%。“其他”经营主体不合格项目主要集中在四川、山东、上海、河南四个省份，占比分别为 11.20%、28.28%、6.82%、5.39%；西部、南部地区食品抽检不合格指标数量均超过 5%。合作社抽检不合格指标数主要集中在中东部地区，其中山东、河北、天津、湖南数量最多，占比分别为 13.46%、10.58%、33.33%、66.67%；中南部地区食品抽检不合格指标数较少，但分布较为广泛；西北部地区基本没有出现抽检不合格的情况。家庭农场抽检不合格情况集中在湖南、天津等地，但不合格数量远低于其他经营主体。总体而言，不同经营主体食品抽检不合格情况在全国覆盖面随各主体被抽检数量的增加而增加，且呈现出聚类特征。企业、合作社、家庭农场与“其他”经营主体食用农产品抽检不合格情况的空间分布差异大。家庭农场抽检不合格情况集中在湖南省，合作社集中在中东部，企业与“其他”经营主体抽检不合格情况覆盖面相对较宽。

（3）供应链维度

根据对供应链生产、流通、餐饮环节不同经营主体食品抽检情况的比较分析发现（图 2－10），家庭农场食品抽检不合格情况主要发生在流通环节；合作社在流通环节与生产环节均发现不合格情况，其中流通环节（占 86.92%）明显高于生产环节（13.08%）。企业与“其他”经营主体在生产、流通、餐饮三个环节均被抽检出不合格情况，其中流通环节数量最高。总体而言，所有经营主体的食用农产品质量安全问题都主要集中在流通环节，其次是生产环节。

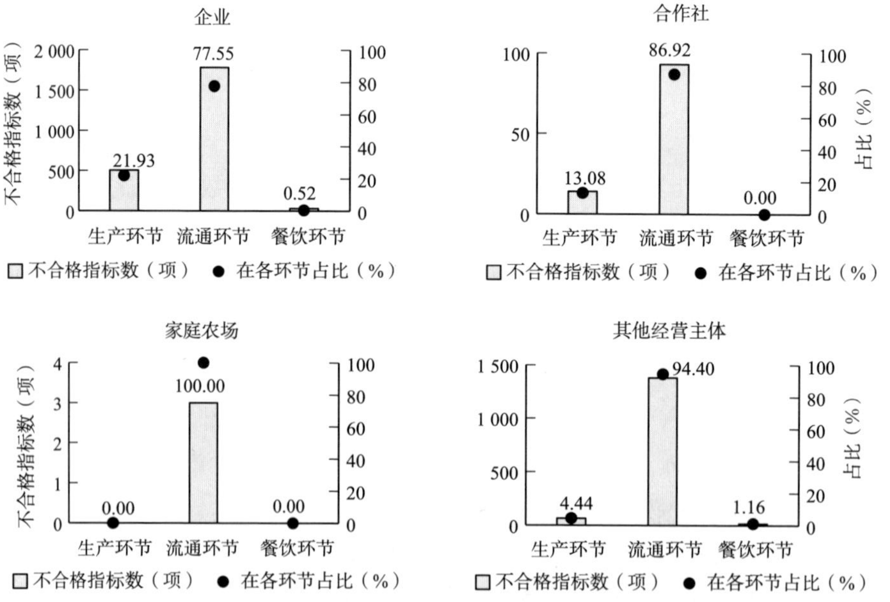

图 2－10 供应链维度各经营主体食用农产品抽检结果比较

2.3.3 食用农产品主要风险因素的多维度解析

对主要食用农产品种类与经营主体质量安全状况的多维度解析，主要回答了从产品到经营主体的质量安全治理效果及是否存在问题，但具体问题仍有待解答。食用农产品质量安全问题复杂，涉及风险因素众多。只有对这些因素进行多维度解析，才能揭示中国食用农产品质量安全问题的全貌及深层特征。基于《中华人民共和国食品安全法》（以下简称《食品安全法》）以及相关食品安全标准，对全国食品抽检数据不合格批次涉及的具体不合格指标进行整理与分析，归纳出影响食用农产品质量安全的八类主要风险因素，即农药残留超标、重金属污染、食品添加剂超标、食品有毒物质超标、兽药残留超标、微生物超标、质量指标不合格、标签不符等。然后从时间、空间与供应链三个基础维度，以及产品（主要食用农产品种类）与经营主体两个实体维度，对这些风险因素进行多维度解析。

根据2015—2021年政府公布的食品抽检结果（图2-11），农药残留超标共7 370次，占不合格项目总数的41.30%，占比最高；其次为兽药残留超标，共7 281次，占40.81%；重金属超标为2 585次，占14.49%。其他五项质量安全风险因素依次为食品添加剂超标、微生物超标、质量指标不合格、食品有毒物质超标、标签不符等，分别为831次、326次、265次、176次和129次，占4.66%、1.83%、1.49%、0.99%和0.72%。八类食用农产品质量安全风险因素中，农兽药残留超标现象最为严重，其次为重金属超标，其他五类风险因素相对较轻，但也不容忽视。风险产生的原因既与投入品本身的品质安全有关，如伪劣农、兽药，重金属超标肥料（含有机肥和化肥）等，也与投入行为不合理、技术不到位有关。已有研究探讨了种植过程中农户任意加大或减少用药量，长期使用高毒、高残留农药，并且不按照安全间隔期收获农作物导致的农药残留；以及畜禽养殖过程中使用兽药后没有按休药期规定屠宰上市，导致兽药残留。此外，还讨论了缺乏用药记录，没有建立用药档案，所用农兽药数量和时间无从考察等，导致农产品监管与追溯困难等。对产业组织层面造成的影响及内在作用机制等，有待深入探讨。显然，上述风险因素的产生与农业经营规模化程度低，多元化经营主体导致决策行为复杂化，食用农产品市场结构快速变化对农业及食品产业经营主体的管理决策提出更高要求与挑战等，存在密不可分的联系。本书在后面章节将对上述问题进行深入探讨与实证检验。

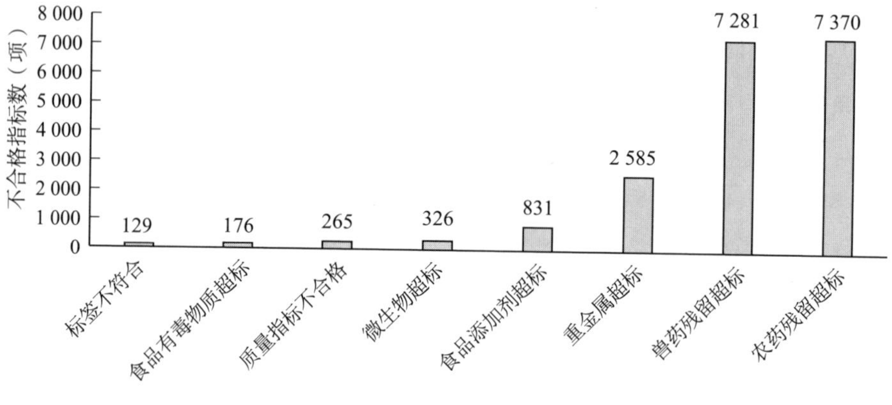

图 2-11　食用农产品质量安全主要风险因素及发生频次

（1）时间维度

通过分析 2015—2021 年食用农产品八类主要质量安全风险因素的动态变化可以看出（图 2-12），农药残留超标数量呈逐年上升趋势，从 110 项增加到 2 663 项，主要原因与抽检批次显著增加有关。通过与其他几类风险因素比较发现，农药残留仍然是最主要的风险隐患。兽药残留超标、重金属超标等也是造成食用农产品质量安全问题的重要风险因素，并呈现出相同的上升趋势且涨幅较为明显。食品添加剂超标、微生物超标及食品有毒物质超标等风险因素没有呈现出特定动态变化规律，除 2021 年有所增加外，其他年份均呈下降趋势。通过时间维度的分析可以看出，农药残留超标、兽药残留超标、重金属超标等风险因素呈逐年上升趋势，与标签和其他质量指标相

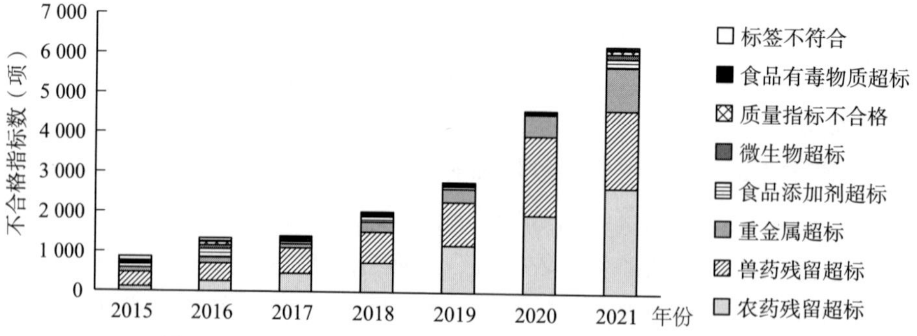

图 2-12　时间维度食用农产品质量安全风险因素及比较

比，控制难度更大，成为提升食用农产品质量安全治理水平必须关注的重要风险因素与关键控制点。

（2）空间维度

（3）供应链维度

通过比较供应链生产、流通、餐饮环节食用农产品质量安全风险因素发现，流通环节中农药、兽药残留超标最为严重，分别为7 189项和7 072项，重金属超标为2 478项。其他风险因素明显减少，依次为食品添加剂超标707项，微生物超标229项，质量指标不合格195项，食品有毒物质超标167项，标签不符14项。而生产环节，农药残留超标、食品添加剂超标、兽药残留超标均超过100项，分别为115、144、114、102项；食品有毒物质超标、微生物超标、质量指标不合格、重金属超标等均未超过100项，分别为8、93、62、71项。在餐饮环节，兽药残留超标、农药残留超标、重金属污染、食品添加剂超标、食品有毒物质超标、微生物超标、质量指标等数量分别为107项、37项、36项、10项、1项、4项和8项。对供应链各环节进行横向比较发现，农、兽药残留超标最为严重（图2-13）。

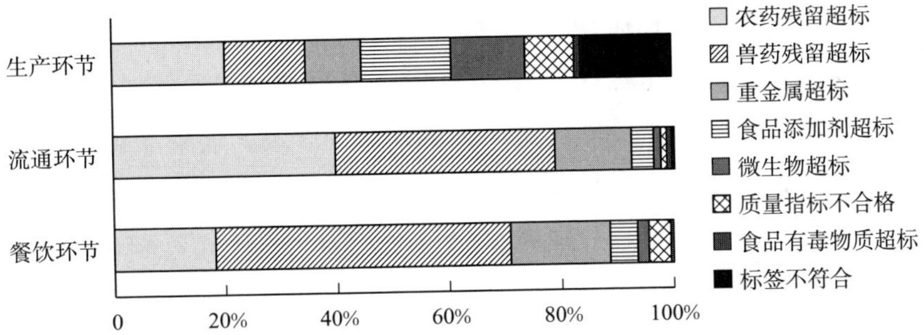

图2-13　供应链维度食用农产品质量安全风险因素及比较

（4）经营主体维度

基于前面的分析结果，进一步对不同经营主体，包括企业、合作社、家庭农场以及“其他”类型经营主体中的风险因素进行横纵向对比（图2-14）。

根据图2-14显示，在农业企业食品抽检的2 298项不合格项目中，兽药残留超标660项，农药残留超标455项，食品添加剂超标336项，重金属超标294项，微生物超标224项，质量指标不合格超标150项，标签不符

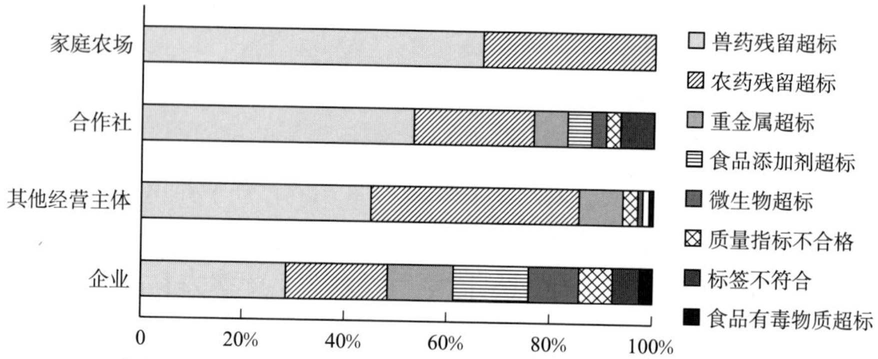

图 2－14　经营主体维度食用农产品质量安全风险因素及比较

121 项，食品有毒物质超标 58 项。家庭农场共 3 项，其中兽药残留超标 2 项，农药残留超标 1 项。合作社共抽检 107 项，其中兽药残留超标 57 项，农药残留超标 25 项，食品添加剂超标 5 项，重金属超标 7 项，微生物超标 3 项，质量指标不合格超标 3 项，标签不符 7 项。“其他”经营主体共 1 463 项，其中兽药残留超标 660 项，农药残留超标 592 项，食品添加剂超标 43 项，重金属超标 124 项，微生物超标 14 项，质量指标不合格超标 18 项，标签不符 1 项，食品有毒物质超标 11 项。通过对抽检不合格批次的进一步分析发现，“其他”经营主体的农药残留问题最为严重，为 592 项；企业与“其他”经营主体兽药残留问题同样严重，为 660 项；农业企业标签不符、食品添加剂超标、食品有毒物质超标、微生物超标、质量指标不合格、重金属超标等问题均最为严重，分别为 121、336、58、224、150 和 294 项。

（5）产品维度

图 2－15 比较了八大类食用农产品质量安全风险因素的分布情况。比较分析显示，茶产品主要存在的风险因素为农药残留超标、重金属超标及标签不符合，占茶产品所有不合格项目的 92.18%；蛋类产品主要存在的问题是兽药残留超标，共有 1 105 项，占蛋类产品不合格总项目的 97.19%；豆类产品质量安全风险因素主要是农药残留超标，共 85 项，重金属超标为 11 项；奶类产品主要风险因素是微生物超标及质量指标不合格，占不合格项目总数的 93.33%；肉类产品中最主要的风险因素是兽药残留超标，共有 2 295 项，食品添加剂超标为 115 项，其他危害占比相对较低，但仍然存在；

蔬菜类产品中农药残留达到 6 228 项，占蔬菜类产品不合格项目的 79.25%，其次是重金属超标，达 887 项，占蔬菜类产品不合格项目的 11.29%，食品添加剂超标同样达到了 515 项，其他风险因素占比相对较低，但仍然存在；水产品的风险因素主要是兽药残留超标及重金属超标，分别达到 3 826 项和 1 491 项，两者占水产品不合格项目的 93.66%；水果主要存在的风险因素是农药残留超标，达 605 项，占水果类产品不合格项目的 75.44%。

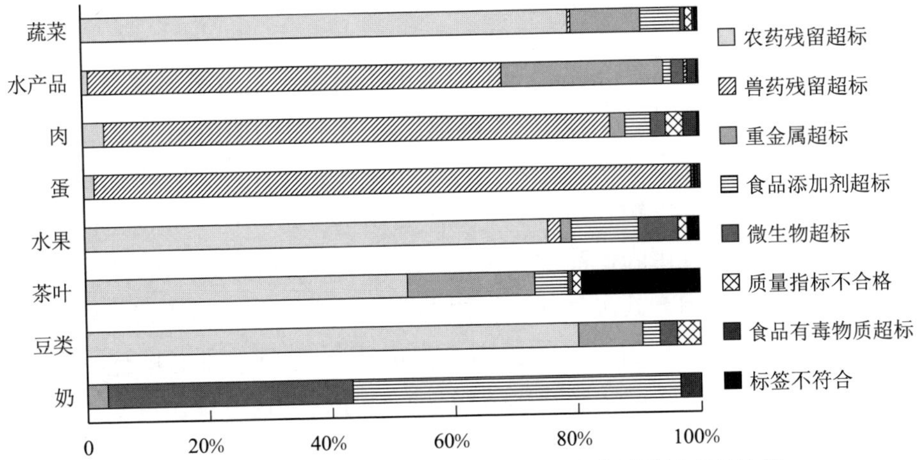

图 2-15　产品维度主要食用农产品质量安全风险因素及比较

2.3.4　食用农产品质量安全问题的基本特征

本章通过对 2015—2021 年全国食品抽检数据的整理、编码与分析，从时间、空间、供应链等多个维度，对主要食用农产品、经营主体以及主要质量安全风险因素展开了全面、深入的分析，总结了中国食用农产品质量安全问题的基本特征。

第一，通过对主要食用农产品种类抽检结果的比较，八大类食用农产品中蔬菜、水产品和肉类的抽检不合格项目最多，水产品、蔬菜和鲜蛋抽样检测的不合格率在食用农产品分类中排列前三，分别达到 3.58%、2.54%、2.03%。从供应链维度看，通过对抽检数据的分析发现，水产品、肉类、蔬菜、蛋和水果等种类在流通环节抽检不合格数量较大，政府监管部门对食用农产品的监督抽检主要集中在流通环节，生产环节与餐饮环节较少。进一步探讨发现，八大类食用农产品质量安全状况存在一定的动态趋势与空间差异。蛋类产品、蔬菜类、水产品类、肉类在时间维度上不合格项目数量呈现出逐年递增趋势，其他几类食用农产品抽检结果总体较为稳定。空间比较结果显示，主要食用农产品种类的质量安全问题均呈现显著空间差异，中部与其他地区相比食用农产品质量安全风险因素表现比较突出，尤其是肉类、蔬菜类等食用农产品。不同经营主体食品抽检不合格情况在全国覆盖面随各主体被抽检数量的增加而增加，且呈现出聚类特征。企业、合作社、家庭农场与“其他”经营主体食用农产品抽检不合格情况的空间分布差异大。

第二，从经营主体的角度，农业企业的不合格项目数量显著高于其他三类经营主体，占比高达63.31%。“其他”经营主体、合作社、家庭农场的不合格项目数量占比分别为33.65%、2.95%、0.09%。从农田到餐桌，企业是农产品供应链的关键环节。企业通过自身的生产、加工和销售活动，直接或间接地影响着食用农产品的质量安全，因此对整个供应链食用农产品质量安全具有重要影响。其次是其他经营主体与合作社，其他经营主体在食用农产品质量安全中占比适中，在提高农产品质量安全方面也具有一定的作用。但需要注意的是，这些经营主体在生产规模、管理方式、技术水平等方面存在差异，因此对农产品质量安全的影响程度也有所不同。而家庭农场所占比例显著偏少，这些经营主体通常以家庭为单位进行农业生产，生产规模较小，但具有灵活性和适应性强的特点。他们可以根据市场需求和消费者需求，灵活调整生产方向和产品品质，注重农产品的质量和安全。

第三，对质量安全主要风险因素的分析可以发现，农、兽药残留最为严重，占比分别为41.30%、40.81%。农业生产过程中不合理使用农药、兽药等化学物质，导致残留风险的增加，对消费者的健康造成潜在威胁，其次是重金属超标问题，在企业、合作社、“其他”经营主体的不合格项目中也比较突出。同时，食品安全发生的类型在全国各地各个省份都有涉及，广东省基本每个不合格类型都存在，山东、河南等主要存在农药残留超标、兽药残留超标和食品有毒物质超标等情况，而四川和重庆食品添加剂和食品有毒物质超标现象比较严重，西藏、青海和黑龙江各种情况的不合格类型都很少，很大原因可能是抽检批次不是很多，抽检的监管政策不到位，需进一步加大食品监管力度。而在时间维度上，农药残留超标、兽药残留超标、重金属超标的不合格项目是随着时间的变化逐年上升的，而标签不符合、质量指标不合格等随着食品安全意识的提高，生活水平的提高，通过培训、宣传等手段可以进行一定程度的控制。

2.4 本章小结

通过对2015—2021年全国31省、自治区、直辖市食品抽检数据的整理、编码与统计分析，结合农业及食品产业发展基本状况、特征及变化规律，多维度解析了中国食用农产品质量安全状况以及治理的重点和难点。主要内容与研究结论包括以下三点：

第一，通过历史分析、比较分析与系统分析等方法，从宏观角度分析了中国食用农产品产业组织状况及基本特点。中国食用农产品产业组织正从小规模、分散化向规模化、集约化演变，产业链条不断延伸，产业融合趋势显著。通过描述分析、统计分析和定量分析法，利用食品抽检数据分析了全国食用农产品质量安全基本状况，发现不合格率随着年份变动呈现稳中有降的趋势，反映了中国食用农产品质量安全水平呈现平稳向好的态势。

第二，根据对中国农业经营主体及组织发展状况的分析，得出新型农业经营主体数量快速增长与传统经营主体加快转型，农业产业经营水平与营收稳步提升，各经营主体间联系不断增强等基本特征及演变规律。尽管我国农业经营主体对食品质量安全总体意识不断增强，但仍存在进一步提升空间。农业及食品经营主体对食用农产品质量安全重视程度不断提高，具体体现为积极主动采取各种措施加强食品质量安全管理与风险防范。同时，食用农产品经营主体在严格遵守食品安全相关法律法规、标准要求的同时，开始通过加强管理体系与农产品认证、推广质量安全信息披露等方式自发履行食品安全社会责任。

第三，本章对食用农产品质量安全状况及问题进行了多维度解析。通过对2015—2021年政府食品抽检数据进行多维编码，立足于主要食用农产品种类、主要生产经营主体以及主要质量安全风险因素，从时间维度、空间维度、供应链维度等三个基本维度，以及产品和经营主体两个实体维度，对食用农产品质量安全状况及存在的问题进行了多维度解析。结果发现，在主要食用农产品种类中，蔬菜、水产品、肉类抽检不合格项目最多，水产品、蔬菜和鲜蛋抽检不合格率排列前三；比较各经营主体质量安全状况，农业企业不合格项目数量最大、占比最高；风险因素方面，农兽药残留问题最为严重，并且在全国各地区以及所有经营主体都普遍存在这一问题。相关分析结果及研究结论对深入探讨食用农产品质量安全治理与农业产业组织优化之间的逻辑关联，以及内在作用机制，提供了重要的研究依据。

第3章 食用农产品质量安全治理与产业链整合：纵向一体化视角

根据上一章的结论可知，中国食用农产品质量安全问题涉及从生产、加工到销售的整个食物供给链。其深层次原因是产业链各主体间质量安全信息不对称，产业链上下游主体利益联结机制较为松散，以及对原料市场过度竞争，法律法规体系不健全、监管制度不完善等（Hennessy，1996；Kinsey，2003；肖兴志等，2011）。纵向一体化组织模式是协调和激励产业链上下游各经营主体加强食用农产品质量安全治理的重要产业组织形式。本章重点探究农业企业纵向一体化如何影响食用农产品质量安全绩效及治理水平，利用对茶叶企业的实地调查数据，检验一体化对企业提升质量安全管理水平与风险控制能力的影响及逻辑机制。

3.1 纵向一体化与质量安全治理行为选择：研究现状及理论梳理

3.1.1 交易费用与纵向一体化

Coase（1937）对纵向一体化的分析认为，“企业将倾向于扩张，直到在企业内部组织一笔额外交易的成本等于通过公开市场完成这笔交易所需成本”。其中，内部交易成本包括内部组织管理费用以及内部交易所导致的要素分配效率降低的成本；市场交易成本包括搜寻费用、协商费用、预测费用以及政府干预（例如税收）等。Coase利用这个一般化的均衡条件，定义了追求利润最大化的企业选择一体化的边界。但这一条件过于一般化，难以用于量化研究。Williamson（1971）认为纵向一体化企业具有激励、控制以及“固有的战略优势”（inherent structural advantages）。基于这些优势，他解释了当存在市场失灵（存在垄断、不完全契约）时，交易成本如何成为企业选择一体化的主要动力。此后，Williamson（1979）针对市场中广泛存在的信息不对称、有限理性、机会主义等倾向造成的市场交易成本，进一步分析指出市场中不确定性的增加、专用性资产的投资、交易频率的提高都会对企业纵向一体化战略产生激励，为交易成本的度量提供了标尺，成为衡量纵向一体化动力的常用指标。

为检验上述理论，Levy（1985）基于交易费用理论对企业一体化决策进行了经验研究。作者利用二分法度量一体化程度，即根据交易费用发生在企业内部还是整个市场，将内部管理费用与市场交易费用细化为不同变量，结果证明交易成本是企业选择一体化的主要动机。在对资产专用性的研究方面，Anderson 等（1984）通过探讨销售力量（制造商代表与销售雇员）的纵向一体化，表明人力资本专用性程度与独立代理人之间呈负相关，据此提出人力资本专用性对企业纵向一体化决策具有重要影响。Hobbs（1996）以英国肉类加工业为例，基于交易费用理论，验证了企业向产业链上游的纵向整合能够降低实施可追溯系统的监督成本，即纵向整合能够提高企业质量安全管理水平与风险控制能力。

Martino（2010）基于交易费用理论以及关系契约理论，进一步提出了信任关系在企业纵向一体化决策中的重要作用。作者研究认为，信任关系具有减少交易频次、降低时间成本以及增强对环境与行为不确定性适应能力的作用。因此，当合作双方信任程度较低时，选择契约形式优化决策权配置，以加强对合作方的控制尤为重要。吴秀敏等（2004）通过 GHM（不完全契约）模型拓展了农业企业选择商品契约还是要素契约的具体条件。例如，对于投资决策激励不敏感的农户，采用要素契约即纵向一体化更为合理；但对于资产独立性强的农户和企业，商品契约即契约一体化更加有效。吴德胜（2008）基于关系契约理论，利用无限期重复博弈解释了农产品契约的演进，认为“反租倒包”现象的产生源自农户违约动机的降低，进而解释了农户愿意采用一体化程度较高的契约形式的原因。

3.1.2 不确定性、租金效应与纵向一体化

如何有效应对市场不确定性，往往是企业选择一体化的首要原因。Arrow（1975）研究认为，在初始完全竞争的情况下，即假设中间品市场总是可以出清，因此下游企业的中间品不存在供给上的不确定性，只是价格的不确定性，面对上游厂商的不确定性，下游企业有动机收购部分上游企业，以更准确预期上游市场产品的价格。因此，供给的不确定性并不是导致企业

选择纵向一体化的直接原因，信息的不确定性才是。除了因投入品波动造成的不确定性导致企业选择纵向一体化外，Calton（1979）提供了一个在需求不确定下企业选择纵向一体化的动机模型。该模型源于Calton（1978）提供的内生需求波动框架，即认为每个个体企业面对的需求都是随机的，顾客需求数量随时波动；企业从不认为在特定时间范围内可以卖掉所有产品，或者在特定时间范围内存在剩余生产能力；企业生产的产品无法贮藏或贮藏成本很高；企业产量、生产能力（购买设备等）、制定的价格需要事前决定。此时，企业的利润不仅取决于价格、数量，还取决于未售出产品的库存损失或剩余生产能力的损失。消费者的效用取决于商品价格以及未能买到商品的概率；同时，消费者根据企业制定的价格、自身偏好或者对特定商店的喜好决定是否消费，往往也会产生成本。在这种框架下，Calton（1979）提出了需求不确定下企业纵向一体化决策的动机，即企业会选择部分纵向一体化。该模型证明了尽管纵向一体化在社会整体来说是不合意的，但私人企业仍有动机进行一体化行为。进一步分析还发现，一体化虽不能带来社会合意分配，但选择一体化的企业更易引入对社会有益或存在正外部性的技术。因此，Calton支持容忍市场结构中的静态低效率，以便在引入技术时获得某种动态效率。基于Calton的需求不确定下企业纵向一体化动机模型，Suzuki等（2011）分析了加纳的凤梨出口市场，结合农业生产的特殊性对部分假设进行了调整。研究证明，需求的不确定性会导致企业选择纵向一体化，并将需求不确定带来的风险转移给种植农户。尽管企业会面临土地分散造成的流转困难，但是转移不确定性风险仍为企业选择纵向一体化提供了有力解释。

租金效应为企业选择纵向一体化提供了另一种解释。Perry（1978）研究指出，对前向一体化与纵向一体化评价的难点在于如何定义可处理的前、纵向一体化。作者认为传统文献中利用自己生产的中间投入品占企业中间投入品总量的比重来衡量纵向一体化的方法在经验分析中是有效的，却没有解决纵向一体化与企业生产决策的内生性问题。因此，作者认为应当假定有大量的中间品供给者，每个供给者拥有相同部分的中间品生产要素（土地），上述对企业纵向一体化的定义才是独立于生产决策的度量方法。在这一研究框架中，虽然中间品的生产具有规模报酬不变的特征，但其依赖于有限的投入要素（如土地），导致中间品供给价格呈递增状态。在这一假定下，供应商获得的资源租金（例如地租）随着下游垄断企业一体化程度的提高而降低。因此，下游企业选择纵向一体化的动机不仅为降低买方垄断的低效率，还包括降低投入成本中的租金部分，即租金效用（rent effect）。在此基础上，Perry（1984）又进一步探讨了当下游市场为完全竞争市场时，企业纵向一体化抉择的原因。这一研究弥补了 Coase 未能从产业纵向均衡的角度，解释在相同产业中为什么一些企业比其他企业一体化程度更高的不足。研究指出，在下游企业完全同质的条件下，由于存在纵向一体化的经济性以及受外部中间品供给冲击，部分企业选择纵向一体化。这是因为，当供应链上下游企业同时做出生产决策时，可能造成一些企业选择非一体化；而当观察到外生供给冲击后，选择一体化能够增强企业内部协作能力，从而在一定程度上减少企业参与市场交易的频次，实现企业交易成本的有效控制。此处定义的一体化为上游企业只提供中间品给下游企业，且下游企业只使用上游企业的供给生产最终产品。其中的经济学逻辑可以解释为：当上下游企业同时决策生产计划的经济性很小时，没有企业会选择一体化；而当经济性很大时，就会有企业愿意选择一体化。此时，其他企业中间产品市场价格在外生供给冲击下波动更大，其利润通过上下游企业根据市场价格波动调整生产而得到提升，最后市场均衡将在部分企业一体化的情况下得以实现。Azzam（1996）利用美国牛肉屠宰产业的经验数据，分析了买方垄断厂商对相邻上游厂商的纵向一体化动机，验证了 Perry 提出的观点。

鉴于企业并不是在现货市场及企业内部之间进行交易选择，Macchiavello 等（2016）分析指出，在考察需求或价格不确定对企业边界的影响时，应比较关系契约与纵向一体化之间的异同。因为契约关系同样可以实现与纵向一体化相同的交易时间和交易价格的交易模式，可解决很多市场中的短期企业所固有的弊端。作者以中美洲哥斯达黎加的咖啡产业链为例，比较了在国际市场咖啡价格冲击下对纵向一体化和关系契约的影响。研究验证了保障需求与供给是企业选择纵向一体化的主要动机；同时，尽管契约关系能够起到与纵向一体化同样的作用，例如在签约时间和交易价格方面，但并不能起到与纵向一体化同样程度的需求和供给的保障作用。除此之外，Macchiavello 等在 Baker 的关系契约理论基础上进一步研究发现，企业对中间品的生产能力通常不能满足生产最终产品的投入需求，所以会向外部购买中间投入品，导致契约关系的稳定性会受到企业边界的影响，即更好的外部选择权会降低各方维持关系契约的能力。与这一结论相似，聂辉华（2013）根据不完全契约理论（GHM）以及关系契约理论（BGM），结合中国农业产业化进程，比较了在关系契约、纵向一体化下企业的选择。研究结论指出，企业选择纵向一体化的关键在于，被赋予产权的组织关系会使农户不能选择违约；而当农产品市场价格波动很大的时候，在重复博弈下，选择关系契约的农户面临着很大的违约动机，使得企业有动机选择纵向一体化，以免受农户违约造成的损失。同时，市场势力的增强也是企业纵向一体化抉择的重要动机。企业的市场势力越大，农户的转售成本越高，越不会选择违约。

3.1.3　不完全竞争市场、市场圈定与纵向一体化

Tirole在《产业组织理论》一书中指出，下游企业决策的外部性是上游企业选择一体化的动机，当上游企业不能控制其买主之间的产品转销时，纵向一体化就可以作为价格歧视、双重加价（Spengler，1950）、下游的道德风险、投入替代的替代手段。市场圈定效应是指通过在不完全市场提高竞争者的成本而实现垄断的一种策略。Salop等（1983）构建了主导企业通过纵向一体化增加竞争对手成本的一般模型。市场圈定效应也开始受到广泛关注。

对于Tirole提出的“事后”垄断模型，Riordan（1998）认为会受到多重均衡的困扰，因此构造了特定均衡来阐明市场圈定效应。该模型分析认为，上游竞争产业以及下游存在一个主导企业和竞争边缘（competitive fringe）的市场圈定，是导致纵向一体化的主要动机。其中，基于竞争边缘与主导企业同时参与最终品市场与稀缺原材料市场竞争，固定的中间品供应以及主导产业具备更先进的技术等假设，得出了主导产业选择纵向一体化的动机在于提高竞争对手的成本以及自身一体化的效率，消除双重加价。但也有学者认为会因此进一步降低产品质量。Gonzalez（2012）研究了市场圈定效应在下游最终产品存在产品差异化（质量上的差异）时，企业选择纵向一体化的动机。研究指出，一体化与市场圈定的直接影响是增加了未选择一体化企业的生产成本，由于未整合企业的成本上升，质量安全投资也随之降低。作为对竞争对手质量投资降低的回应，一体化公司也会选择降低质量投

资。其中未选择一体化的企业，质量投资水平下降更多。

也有学者不认可市场圈定效应的观点。Hortaçsu 等（2002）利用经验数据，检验了市场圈定带来的市场势力是企业纵向一体化动机的观点。结果表明，当市场一体化程度增强时，反而呈现出价格降低、数量上升和市场进入率不变的趋势。Avenel（2008）也认为没有充分证据证明市场圈定效应的存在。他们研究了不存在市场圈定下的市场一体化行为。结论指出，当存在大量上游供应商的情况下，不足以产生市场圈定效应，进而构建理论模型证明了任何程度的一体化都能够内生地在企业战略选择中实现均衡。该模型主要基于以下事实：上游企业和下游企业可采用一般技术进行生产，也可以通过协商以特殊技术进行生产。尽管特殊技术会降低上游企业边际成本，但需要上下游企业共同投入固定成本，而生产的中间产品具有很强的专用性特征，只能用于投资的上下游企业；也可以用一般技术对中间商品进行改造，相应费用由上游企业承担。由于企业一体化存在大量的合并费用，例如法律费用，导致市场上既存在使用特殊技术的一体化企业，也存在采用一般技术的非一体化企业。因此，即使不存在市场圈定效应，也会由于使用技术的差异，特别是采用特殊技术而进行互补性资产投资，成为企业选择纵向一体化的重要动机。

3.1.4 产品市场竞争程度、质量安全与纵向一体化

McGowan（2017）研究了产品市场的竞争性与纵向一体化行为之间的因果关系。通过观察发现，当政府放松管制，降低产品市场交易费用，导致产品市场外源性竞争加剧时，市场一体化行为的发生率下降了 33%，即竞争加剧会降低企业选择纵向一体化的可能。对于食用农产品市场而言，政府既可能为保障食物供给而放松管制、鼓励竞争，也可能为确保食品质量安全、筑牢食品安全底线而加强管制，从而对食用农产品经营主体一体化行为产生不同影响。一体化对市场竞争程度的影响，以及与食用农产品质量安全之间的内在作用机制，有待深入分析与实证检验。

Hennessy（1996）认为由于食品质量安全信息不对称以及质量检测方面的不确定所引起的外部性，都是企业选择纵向一体化的动机。同时还指出 Arrow（1975）的理论不适用于农业生产，主要有两个原因：第一，如果农业生产者了解更多的产量信息，就会利用期货市场进行获利，而期货价格会

将这种信息传递给加工商。第二，即使没有期货市场，美国联邦和州政府也建立了广泛的农业信息收集和传播网络。此外，Hennessy（1996）认为Calton（1979）的理论同样不适用于现代农业生产，原因在于运输、仓储和信息技术的改进都解决了市场出清的难题。所以当分级和抽检不确定时，将导致农户食品质量安全控制投入不足。检测信息不足将导致质量控制投资不足，且质量安全信息外部性导致整体产业质量的下降。企业选择纵向一体化的原因在于可以降低因质量检测不足可能造成的交易成本。Antle（2001）研究指出，纵向一体化在提高食品安全方面起着非常重要的作用，因为纵向一体化会影响企业产品质量管理能力，例如一家一体化的蔬菜企业可以获知农药的使用情况，通过认证与标识等方式以较低的成本将此信息传递给消费者。这种将信息传递成本与生产成本相联系的行为，对产业结构、企业竞争力以及市场管制发挥着深远影响。Richard（2001）结合已有研究认为，纵向一体化的动机是为了保障食品质量安全。他通过对佛罗里达州草莓和土豆种植者的调查，验证了纵向一体化有利于降低农药使用、杀真菌剂残留，以及具有更低的残留变化幅度。Vetter（2002）进一步探讨了农产品质量安全检测不完全引发的道德风险，可能导致企业做出纵向一体化的决策。

3.1.5　其他关联研究及交叉研究

Stigler（1955）基于生命周期理论认为，一体化战略会随组织生命周期各个阶段的变化而调整。针对企业实施纵向一体化战略的原因，Macmillan（1986）分析了供给不确定性与供应商报复性行为可能产生的影响。研究发现，采取纵向一体化战略的企业需要确保中间产品（如原材料）供应的数量与质量，以满足自身产品生产能力的要求，否则在中间产品采购过程中很可能遭遇供应商的报复。Biancini（2017）通过构建重复博弈框架，发现纵向一体化会导致下游企业间的合谋行为，并因此获得更高利润。这也是企业实施纵向一体化战略的重要动机。

国内学者从信息不对称性、交易不确定性等方面，分析了纵向一体化战略的选择问题。于亢亢（2018）从交易费用理论出发，证明了质量安全信息的不对称性会改变交易费用，提出农产品供应链内部信息整合对推进纵向一体化有正向促进作用，而供应链外部信息整合对纵向一体化有负向作用。李想等（2018）通过分析食品加工企业整合上游种植养殖基地的一体化行为与其产品质量安全之间的关系，指出质控能力的私人信息性质，即企业对自身质控能力拥有更充分的信息，导致企业实际质控能力水平可能低于事前预想的质控潜能，从而降低了质控的实际效果以及消费者的信任度。结论强调应增强监督有效性以及加大对低质量行为的惩罚力度。陈梅等（2015）根据期权交易治理理论，以乳制品市场为例，探讨了食用农产品战略性原料投资中，如何同时解决机会主义造成的不确定性与客观环境的不确定性两个治理难题。研究发现，当客观环境的不确定性较大时，应选择市场交易等灵活松散的投资治理模式；当客观环境的不确定性较小时，则可以采取一体化治理模式。

3.2　纵向一体化与食用农产品质量安全——逻辑框架的构建

3.2.1　食用农产品的经济特性——以茶产业为例

本节利用农户调查数据，检验纵向一体化与食用农产品质量安全之间的逻辑关联。选择茶叶及其产业作为分析对象，主要原因有两个方面：一方面，茶叶属于多年生经济作物，蕴含复杂的农产品质量安全属性；另一方面，茶叶生产包含种植、采摘、生产、加工等复杂产业链特性，为衡量纵向一体化的影响提供典型样本。成品茶的生产一般包含种植、采摘、加工、包装等环节，其中加工环节可分为初制加工、精制加工、深加工等。中国六大茶种也因发酵工艺、采摘时效、采摘标准等方面的不同而产生口感与风味的差异。即便是同一茶种，也会因为种植区域、文化风俗等差异，导致外观、香气和汤色等不同，导致作为茶叶原料的茶青市场价格波动较大。

茶叶在供应链的各环节都可能存在质量安全问题。在种植环节，可能存在农药残留超标、重金属超标等风险因素；在采摘环节，使用的塑料盆等容器中细菌和灰尘可能对茶青造成污染；初加工环节中，可能因湿度、加工环境等滋生有毒物质超标和微生物污染的风险；而由于储存时间过长或储存条件不当造成黄曲霉毒素等污染，也会对茶叶质量安全造成严重影响；在包装环节，可能存在因不符合质量安全标准的茶叶混杂其中难以辨识，而降低茶叶品质安全。

目前，中国茶叶行业经营主体以加工企业为主，其获取茶青原料的交易模式主要包括契约交易、纯粹市场交易两种。纯粹市场交易是指茶叶加工企业与农户通过市场价格信号随机进行交易，对双方都缺乏有效保障。随着茶叶加工企业规模的扩大，从直接市场交易逐步演变出“公司＋农户”“公司＋合作社＋农户”等多种原料采购模式，实现了不同主体间的利益共享与风险共担，减少了机会主义行为带来的不确定性。在为农户提供技术指导、有效保障其利益的基础上，通过契约形式实现了产销对接与利益联结，不仅提高了原料供给数量的稳定性，更重要的是有效保障了原料的品质与安全性。

3.2.2　均衡条件下的茶叶质量安全绩效水平

产业组织理论认为，企业市场行为决定其市场绩效。对于茶产业而言，其质量安全与茶企市场行为及其管理绩效存在密切联系。茶企的违规行为会极大降低企业产品质量安全管理绩效水平。一旦企业生产和销售的食用农产品被曝出质量安全问题，引发消费者关注，不仅会带来经济损失，还会造成企业商誉受损（吕玉花，2009）。随着政府不断完善食品标准、加大市场监管力度并实施更严格的质量安全管制措施，被抽检出存在质量安全问题的农业企业不仅会面临严厉处罚，还需支付惩罚性赔偿（Wang 等，2019）。不仅如此，食品质量安全事件会打击消费者的信心，导致消费意愿下降，不仅造成问题企业产品销售量的下降，甚至可能导致市场需求的降低。相反，提供安全优质食品的企业不仅为自己打造了良好的市场声誉，增加企业自身收益，还会对产品市场产生积极的溢出效应，激励市场需求的增加（Segerson，1999）。

钟真等（2012）认为，如果企业处于竞争性市场，就可以通过给定的需求函数和供给函数求出均衡安全水平。但是，由于我国茶叶不同茶类、不同区域竞争程度不同，我国茶叶市场是否处于完全竞争市场仍缺乏有力证据（赵飞，2020；陈凌文等，2019）。理论研究指出，如果一个市场处于非完全竞争市场，即具有垄断性质，企业有能力影响价格，那么供给曲线是不存在的。在此背景下，参考 Wang 等（2019）对于质量安全绩效的衡量，发现产品的需求价格弹性、损失程度和成本函数会决定企业对于质量安全控制的投入，进而影响市场均衡状态下的食用农产品质量安全水平。

由上述分析可知，茶叶企业的质量安全控制投入水平会受到该企业成本函数的影响。而 Antle（2001）认为企业是否采用纵向一体化组织模式会影响企业的产品质量安全管理与风险控制能力，通过增加或减少质量安全控制成本来影响企业成本函数。例如，如果茶叶加工企业通过纵向一体化投资策略自建茶园，为自己提供原料，不仅在一定程度上规避了由信息不对称引发的机会主义风险，还能有效降低因购买高价原材料造成的交易费用增加。同时，一体化生产还能使加工企业更有效掌握原材料供应信息，比如农药使用情况、农产品产量与质量等，能以较低成本对产品质量安全进行有效控制。但是，企业实施纵向一体化同样会带来成本风险。基于企业利润最大化的角度，通过比较成本与收益，探讨不同产业组织模式下存在的产品质量安全风险，有助于理解纵向一体化对企业产品质量安全管理绩效及治理效果的影响。

3.2.3 纵向一体化对质量安全绩效的影响机制

保障食用农产品的质量安全，应从农产品质量安全标准、农产品质量安全监管、农产品质量安全宣传教育、农产品质量安全技术支持与农产品质量安全法规建设等方面，对企业质量安全风险防范行为进行分析。目前，中国的茶叶质量安全问题突出表现在农药残留超标、微生物污染、水分灰分超标、重金属残留超标和添加剂违规使用等五个方面。不同的质量安全问题产生于不同的阶段，本章分析纵向一体化对茶叶质量安全的影响，前提就是区分不同风险类型产生的阶段，同时明确不同阶段控制相应风险所付出的努力成本。纵向一体化通过改变茶青交易模式与企业的组织模式，在茶青原料交易阶段与茶叶生产加工阶段对茶叶的质量安全产生不同的影响。因此，在明确上述两个阶段质量安全风险及风险控制成本的情况下，借助交易成本理论等产业组织理论，以及成本收益分析等研究方法，对比分析了茶青原料交易阶段不同交易模式的质量安全绩效，以及茶叶生产加工阶段不同组织模式的质量安全绩效。

3.2.3.1 茶青种植、交易阶段的质量安全

茶青种植、交易阶段的质量安全水平主要受制于交易过程中的利益分配与交易成本，而交易模式的不同又极大影响了利益分配和交易成本的状况。在实践中，企业对于组织模式的选择往往遵循“鉴别一致性”原则，大多数研究也已证实这种组织安排符合交易成本理论，但鲜有学者更进一步地探讨不同组织安排下的绩效问题（Heide 等，1995）。依据交易成本理论，组织

模式的选择与绩效问题存在必然联系（Masten，1993），但在研究不同组织模式对绩效影响的相关文献中，往往无法避开一个严重的内生性问题，即根据交易成本理论“未将符合决策标准与不符合决策标准企业的绩效进行区分，从而造成自选择偏误”（Shaver，1998）。因此，企业选择纵向一体化模式还是选择市场，或选择两者混合结构的模式，其选择决策对于绩效影响的优劣受到诸多客观条件的影响，不能简单地一概而论。下文将对茶青生产、交易阶段不同组织模式下企业的质量安全绩效和交易风险分别展开论证。

（1）纵向一体化组织模式下生产阶段对原料质量安全的控制

企业在纵向一体化模式下可以实现对产品生产的全程掌控，并通过完善质管与质检体系达到有效控制食用农产品质量安全风险的目的。对这一生产决策的执行取决于开展安全生产所需的成本与发生质量安全风险所带来的损失之间的权衡与比较。只有在安全生产成本小于风险带来的损失时，企业才有动力付出质量安全控制的努力。其中，开展安全生产的成本主要来自绿色（低毒）农药的购买成本、安全生产培训成本和土壤水质检测成本等方面，而发生质量安全风险带来的损失则包括声誉受损导致需求下降的损失，以及责任追究造成的经济损失（Jayasinghe-Mudalige等，2006）。

由于纵向一体化组织模式下，企业对于生产的全程掌控使其在生产决策的制定和执行时所面对的信息较为集中（曹利群，2001），因此其质量安全控制成本不包括契约风险带来的交易成本，仅存在上述开展安全生产的要素成本和检测成本等。

（2）企业收购情况下茶农机会主义行为动机

当茶叶加工企业从农户手中收购茶青时，由于交易双方对交易对象的质量安全信息不对称，农户出于自身经济利益最大化的考量，存在逆向选择或道德风险的机会主义动机，导致企业在茶青交易阶段质量安全控制成本不仅包括为保障茶青原料质量安全而对农户给予补贴所增加的投入，还包括可能面临违约风险造成的损失。下面主要从茶叶加工企业是否对收购的茶青开展质量安全抽检两种情况，讨论茶农可能存在的机会主义动机。

①加工企业不对茶青进行质量安全抽检的情况

小规模、分散化经营的茶农因信息获取渠道有限与专业知识匮乏，导致在农药选择上往往只看重效果而忽略了安全性，导致农药不合理使用，增大了茶青原料质量安全风险。随着法律法规与国家标准对农药残留等风险因素的要求日益严苛（陈红平等，2019），企业为保障最终产品质量安全达到标准要求，必须投入更高的质量安全管理及风险控制成本。根据 Hennessy（1996）的模型设定，假设安全生产行为的单位成本为 c_1，不安全生产行为的单位生产成本为 c_2，则安全生产行为的投资为 $I=c_1-c_2$。在不进行茶青质量安全抽检的情况下，茶叶企业在收购农户出售的茶青原料时，无法直接识别茶青质量安全的差异性，难以准确判断其安全属性，导致采购中对茶农出售的茶青只能按照市场平均价格支付。假定初始市场上选择安全生产与选择不安全生产行为的农户比率分别设为 r_1 和 r_2，且 $r_1+r_2=1$。受到客观环境因素的影响，选择安全生产的农户也可能生产出质量安全不达标的茶青；而选择不安全生产行为的农户也可能种出安全茶青。故而假设选择安全生产行为与选择不安全生产行为的农户产出安全茶青的概率分别为 z_1 和 z_2，$z_1>z_2$。则市场上符合质量安全标准的茶青比率为：

$$k_s=r_1z_1+r_2z_2 \tag{1}$$

假设符合安全标准与不符合安全标准的成品茶叶对企业的单位价值分别为 p_s、p_{us}，V 表示发生安全事故，即政府监管部门在食品抽检中发现不合格情况，企业因此被监管部门追究责任并受到相应处罚。如果 θ 表示安全事故发生的概率，那么 $p_{us}=p_s-V\theta$。在此基础上，企业可以根据市场中成品茶叶的平均安全情况，在无法直接识别茶青安全性的情况下，对茶青进行定价。此时，企业收购茶青的单位价格为：

$$P_1=\delta[k_sp_s+(1-k_s)p_{us}] \tag{2}$$

式中，δ 表示企业和茶农议价能力的差异。由于企业对于无论是否开展安全生产的农户销售的茶青支付相同的收购价；同时，相较于未选择安全生产的农户，安全生产的农户存在为实施安全生产行为而增加的投资 I，导致其单位成本增加。在此背景下，安全生产农户为追求自身利益最大化，可能产生实施机会主义行为的动机，导致茶青市场总体质量安全状况恶化，即市场上符合质量安全标准的茶青的比重 k_s 下降。在其他变量不变的情况下，企业收购茶青的单位价格 P_1 将继续下降，质量安全不达标的茶青会逐渐挤占合格茶青的市场份额，从而出现茶青交易的“柠檬市场”现象。

②茶叶加工企业对茶青开展质量安全抽检的情况

首先，考虑市场上所有茶叶加工企业均选择对收购茶青进行质量安全抽检的情况。此时，假设抽检的失误率，即将不合格茶青误检为合格茶青的概率为 t，且 $t>0$。企业拒绝收购抽检不合格的茶青，则企业最终收购的茶青总量中安全茶青的占比为：

$$k_{s2}=\frac{k_s}{k_s+(1-k_s)t} \tag{3}$$

此时，企业茶青收购价格为：

$$P_2=\delta[k_{s2}p_s+(1-k_{s2})p_{us}] \tag{4}$$

开展安全生产行为的农户的边际收益为：

$$\pi_s=z_1P_2+(1-z_1)tP_2-c_1 \tag{5}$$

未开展安全生产行为的农户的边际收益，或开展安全生产行为的边际成本为：

$$\pi_{us}=z_2P_2+(1-z_2)tP_2-c_2 \tag{6}$$

用（5）式减去（6）式得：

$$\Delta=\pi_s-\pi_{us}=(z_1-z_2)(1-t)P_2-I \tag{7}$$

式中，Δ 表示开展安全生产行为农户的边际收益与边际成本的差值。当 $\Delta>0$ 时，未开展安全生产的农户存在进行安全生产的激励；当 $\Delta<0$ 时，开展安全生产的农户存在进行不安全生产的机会主义行为动机。当 $\Delta=0$ 时，安全生产行为的边际收益与边际成本相同，表明市场上开展安全生产的农户和未开展安全生产的农户均没有改变生产行为的动机，此时：

$$(z_1-z_2)(1-t)P^*=I \tag{8}$$

式中，P^* 为市场均衡状态下企业收购茶青的单位价格。

$$P^*=k_s^*p_s+(1-k_s^*)p_{us} \tag{9}$$

其中，k_s^* 为市场均衡状态下市场中符合质量安全标准的茶青的比率。

其次，考虑市场上企业同时存在选择抽检与不选择抽检的情况。假设市场上仅存在两家茶叶加工企业 A_1、A_2，其中 A_1 企业选择对外购茶青进行抽检，A_2 企业不进行抽检。将市场中所有茶青种植农户分为两类，所有开展安全生产行为的农户归类为 B_1 农户，所有不开展安全生产行为的农户归类

为 B_2 农户，B_1 和 B_2 的数量可以变动。

A_1 企业由于追求质量更高的茶青，其茶青收购价格高于 A_2 企业，此时 B_2 农户将茶青出售给 A_1 企业的动机提高。由于 A_1 企业要求对外购茶青进行质量安全抽检，并拒绝收购抽检不合格的茶青，此时 B_2 农户存在两方面的损失：一是检测过程延长交易时间导致茶青变质；二是寻找与不进行抽检企业开展交易的搜寻成本。假设在市场初始阶段，B_1 农户的初始数量小于 B_2 农户，且 A_1 企业与 A_2 企业茶青收购价格的差值小于 B_2 农民面临的损失。此时，部分 B_2 农户会选择与 A_2 企业进行交易，且与 A_2 企业进行交易的 B_2 农户数量不断增加；相应地，A_1 企业收购合格茶青比重不断增加，而 A_2 企业收购合格茶青比重不断下降。根据式（4），A_1 企业的收购价格会逐渐上升，A_2 企业的收购价格会逐渐下降，A_1 企业与 A_2 企业茶青收购价格的差值将不断扩大。这一趋势可能带来两个方面结果：一是出于利益驱动，部分 B_2 农户会转型成为安全生产的 B_1 农户，B_1 农户数量增加；二是仍旧进行不安全生产的 B_2 农户会利用抽检环节的失误率产生“搭便车”行为，即出现以次充好、将不合格茶青出售给 A_1 企业的机会主义行为动机。直到 A_1、A_2 企业的收购价格之差与 B_2 农民面临的损失相等时，B_1、B_2 农户的数量保持均衡。

当出现上述机会主义行为时，对于采取抽检行为的 A_1 企业来说，不仅需要付出抽检过程产生的成本，同时也需要承担因农户机会主义行为造成的成品茶质量安全风险的提高，并面临着由此带来的声誉损失和事故责任追究成本。此时，企业面临的市场环境不确定性增加（即 z_1 更低），而为了保证质量安全绩效，企业不得不增加安全生产的投资成本（I 更高，即资产专用性增加）。此时选择采取纵向一体化组织模式的企业能以更低成本实现更优的质量安全绩效。可见，如果企业不能按照交易属性的差异采取有针对性的组织安排，则无法实现有效的质量安全治理。

③外购情况下茶农的败德行为动机

市场交易中，企业虽然可以通过交易契约的签订，缓解信息不对称导致的市场失灵（Martino 等，2009），但由于存在发生道德风险行为的可能性，这种“市场交易＋契约制定”的混合治理结构同样面临质量安全风险。

假设企业与农户之间存在茶青的安全生产契约，企业对履约生产的农户销售茶青的收购价为 P，且 $P>c_1$，对未履约农户销售茶青的收购价为 p，$P>p$。当 $P-C>p-c_1$ 时，表示农户进行安全生产是有利可图的，构成企业对农户开展安全生产的激励。考虑茶青交易的长期性，则在市场交易中的现期价值为 $R=p-c_1+[1/(1+r)]R$，即 $R=r^*(p-c_1)$ 时，$r^*=(1+r)/r$，r 表示银行利率。如前节所述，农户选择安全生产行为并产出安全茶青的概率一致，企业对外购茶青抽检的失误率为 t。企业与农户的长期交易建立在认定农户履约的基础上，一旦认定农户存在违约行为，茶农只能按照价格 p 进行交易。而当农户被企业认定为履约，确实进行安全生产，且不存在其他客观因素导致的茶青质量安全问题的情况下，农户收益为 $W=r^*(P-C)$。在农户被企业认定为履约但实际存在不安全生产行为的情况下，农户收益为：

$$V=1/(1+r-t)[(1+r)(P-c_1)+(1-t)R] \tag{10}$$

由于企业与农户之间按收购价 P 进行交易的前提为农户被企业认定为履约，因此企业与农户之间的激励相容条件为 $W\geqslant V$。而企业往往出于自身利益最大化的考量，调整收购价 P 以实现对自身最有利的激励相容条件，即 $W=V$，此时结合 W、V、R 的表达式，收购价 P 表示为：

$$P=p+\left(\frac{1+r-t}{1-t}\right)(C-c_1) \tag{11}$$

由式（11）可知，在企业对外购茶青进行抽检的情况下，农户因提供安全生产行为而产生的信息就会由于检测误差（t）而消散。当 $t=1$ 时，即企业不进行茶青抽检，此时不存在激励相容条件。同时，当农户为安全生产需要付出更多成本，自然环境风险更大时，或者企业设定的收购价 P 较小，使得激励相容条件无法实现时，农户会有发生道德风险行为的动机。此时，企业将面临激励农户履约的激励成本、抽检成本、质量安全问题引发的企业责任追究成本等多种交易成本。当交易属性变化造成上述交易成本增加时，纵向一体化组织模式将体现出在质量安全控制方面的优势，若企业由于资源禀赋原因没有选择纵向一体化的组织模式，则无法达到相应的质量安全绩效。由此提出假设 H_1：

H_1：茶叶加工企业（合作社）的纵向一体化组织模式能够提升企业的质量安全绩效水平。

④组织模式的“错配”与质量安全绩效

上节讨论指出，在存在交易契约的情况下，农户的机会主义行为会在企业收购茶青的交易过程中增大保障茶青原料质量安全的契约风险。相关研究表明，交易属性是契约风险大小的决定因素之一，实现对契约风险的有效治理需要根据交易属性的差异采取针对性的组织模式（Menard 等，2005）。企业组织模式选择的战略目标是既要实现交易成本最小，又要保证原料质量安全控制的有效性。但是为达到这一目标而进行的组织模式选择，可能存在两类主要问题。

第一类，“错配”的问题。“错配”（misalignment）假设讨论了企业的组织模式选择与差异化交易属性的组合搭配对企业绩效的影响（Olmos，2010；Handley，2017）。首先，纵向一体化模式下的企业往往带有高投资、高资产专用性的特点（Leiblein 等，2002），现阶段对组织模式进行调整的难度过高、成本过大。即使企业管理者有调整组织模式的动机，却往往无法付诸实际，从而导致现行组织模式并不能真实反映管理者的态度（Brouthers 等，2003）。其次，纵向一体化模式的可行性和运行效果会受到企业经营历史、人力资本构成、资金运转状况、产品市场定位以及区域社会环境等因素的影响（Henson 等，2013）。因此，在组织模式选择的实践中总是伴随着“错配”的可能性。从交易成本理论的视角，选择将质量安全风险高的生产阶段外包就是一种典型的组织模式“错配”。这种“错配”会在极大程度上降低企业质量安全控制的有效性（Leiblein 等，2002）。

第二类，存在交易属性的混合影响。根据一般意义上的交易成本理论预测所做出的组织模式安排，并不一定能够实现预期的质量安全绩效（Martino 等，2009）。企业边界的选择受到多种交易属性的混合影响（Leiblein 等，2002）。交易成本理论提出，与质量安全绩效相关的交易属性影响着企业组织模式的选择。但它仅是影响企业边界的众多交易属性之一。因此，在组织模式选择与特定绩效水平的因果识别研究中，要注意避免多种交易属性的混合影响（March 等，1997），从中区分出与质量安全绩效相关的交易属性，以便做出有利于提升质量安全绩效的组织模式预测。据此提出假设 H_2：

H_2：根据交易成本理论，不符合质量安全属性的组织模式会降低企业质量安全绩效水平。

3.2.3.2　茶叶种植、加工阶段的质量安全绩效

茶青生产阶段的质量安全情况和加工阶段的生产行为共同决定了茶叶企业的质量安全绩效。为实现预期的绩效水平，上述两个阶段均需要加强质量安全治理的投入（Martino 等，2009），从而对企业的两阶段质量安全风险控制过程提出了相互适应的要求。两阶段的质量安全控制存在替代性，做好第一阶段的质量安全治理可以强化第二阶段的质量安全风险控制效果。与收购茶青的情况相比，纵向一体化组织模式下的企业可以实现两阶段的质量安全风险控制投入的合理分配，从而优化提升整体质量安全绩效水平（吕玉花，2009）。据此提出假设 H_3：

H_3：纵向一体化通过统一配置生产资源，提高加工阶段质量安全投入水平，能有效提高食用农产品质量安全绩效水平。

3.2.3.3　纵向一体化程度对质量安全绩效的影响

相关研究表明，企业纵向一体化程度的提升会增加企业的管理成本，高度纵向一体化的企业存在高昂的额外成本，对企业绩效存在不利影响；且企业的纵向一体化程度与绩效之间呈现倒“U”形关系（Florian 等，2020）。可见，相较于完全纵向一体化，部分纵向一体化是实现企业绩效最优的有效选择。此外，部分纵向一体化对于约束农户的机会主义行为具有更好的效果。在市场交易模式下，部分纵向一体化可以降低信息的不对称；在契约模式下，又可以减少“敲竹杠”（hold-up）行为所造成的交易成本（Mols 等，2017；Carrer 等，2014）。而且，企业对某一特定投入品采取“部分自产，部分外购”的情况下，会形成管理上的协同效应（Parmigiani，2007）和示范作用（Bradach，1997）。企业通过自建茶园也可以更有效地监督外部供应商，减少交易中的不对称信息（Mols，2000）。因此，在一定范围内，纵向一体化程度的提高会对质量安全绩效产生正向促进作用，直至达到最优纵向一体化规模时，企业质量安全管理绩效达到最大化。因此，通过分析部分纵向一体化对质量安全绩效的影响可以看成完全市场交易到完全纵向一体化这种层级治理模式间的连续分布。由此假设 H_4：

H_4：纵向一体化对质量安全绩效的影响随纵向一体化程度的提升而增

加，并且存在最优纵向一体化规模。

基于上述分析，构建农业企业纵向一体化对食用农产品质量安全绩效的影响机制图（图 3-1）。

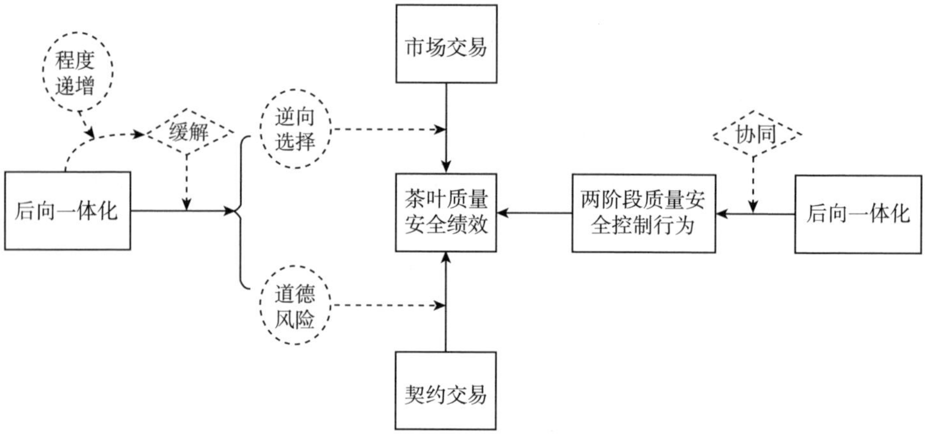

图 3-1　纵向一体化对茶叶质量安全绩效的影响机制

3.3　纵向一体化与食用农产品质量安全绩效：影响因素及实证检验

3.3.1　数据与描述性统计

本节利用实地调查数据深入探讨纵向一体化对食用农产品质量安全绩效的影响，并检验其显著性。使用的数据来自 2020 年 12 月至 2021 年 4 月通过实地走访与问卷调查相结合的形式，获取的茶叶加工企业经营数据。

在前期问卷设计阶段，为保证问卷内容的准确性和问卷结构的合理性，课题组参考相关文献资料、理论专著、实践案例以及政府文件，并与地方市场监管部门、农业农村委员会茶产业办公室等机构的专家开展交流讨论，完善问卷内容，确定样本地区及数量。并先后对贵州省五家分布在不同地区、不同规模的茶叶加工企业开展预调研，以检验问卷的实操性和有效性。最后，结合企业的反馈信息与调查中发现的问题，对问卷进行及时调整、修改与完善。样本选择采取随机抽取的方式，从贵州省市场监管局生产许可名单与贵州省农业农村厅生产许可名单中，随机抽取了 181 家持续正常经营三年及以上的茶叶企业或合作社。对被抽取企业的负责人，包括企业法人、经理、质管质检人员、部门负责人等，采取访谈或发放电子问卷（问卷星）的形式。地方市场监管局和农业农村厅在此次问卷调查过程中给予了大力协助与支持。

从问卷回收结果来看，总计回收问卷181份，样本企业主要分布在贵州9个市（州），企业组别基本涵盖大中小型企业。问卷调查的主体内容包括：企业生产经营情况、食品质量安全管理与风险控制情况两个部分，涵盖了企业背景及经营状况、生产加工销售情况，以及与食品质量安全及管理情况等相关信息。问卷重点关注了企业纵向一体化的实践，通过自建茶园情况进行衡量，以及主要采取的农产品质量安全管理措施和风险控制手段等。问卷调查了企业过去三年的经营情况，以控制外生冲击（如自然灾害的发生）可能导致的实证研究结果偏误。

由于部分反馈问卷中缺失了企业财务、加工流程、产品质量安全抽检情况等关键内容，经过清理最终获得可用于研究的有效问卷数量为150份，约占问卷回收总数的83%。总体来看，样本企业分布存在两点特征：一是样本的地理分布上，基本覆盖贵州省各市（州），其中遵义市、铜仁市、黔西南州三地的样本数量较为突出（表3－1）；二是样本企业固定资产总额特征的分布上，固定资产总额500万元以下的企业数量占35.52%，固定资产规模在500万～5 000万元的企业占比为52.63%，5 000万元以上固定资产总额的企业占比为11.84%。其余变量的描述性统计分析见表3－1。

表3－1　各市（州）样本企业分布情况

单位：家

市（州）	贵阳	遵义	铜仁	黔南	黔东南	毕节	安顺	黔西南	六盘水
企业数量	15	20	25	17	5	13	15	33	7

数据来源：调查数据。

3.3.2　变量设置

3.3.2.1　解释变量

（1）纵向一体化

纵向一体化可以改变市场结构，提高市场集中度，增强企业的市场竞争力。在市场竞争严峻的情况下，企业通常需要采取纵向一体化的方法来进一步控制更多的资源与市场，从而保证其市场竞争优势。同时，企业的纵向一体化也会改变市场竞争格局和供需平衡关系，从而影响市场结构的稳定性和合理性。企业通过纵向一体化，可以进行内部的技术升级、创新和扩大市场，找到新的发展机会和增长点，加速实现产业升级转型，以适应市场需求和社会环境的新变化。通常利用纵向一体化比率来测度。纵向一体化比率（vertical integration ration）公式为：

$$纵向一体化比率（VI）=\frac{企业增加值}{最终销售值}$$

企业在不同环节中的增加值存在差异，但这并不能与纵向一体化等同（安德鲁索等著，王立平等译，2009）。也有学者将测度指标设置为土地占用面积，进而测度纵向一体化（Perry，1978），还有学者运用投入产出法和主辅分离法来测度纵向一体化（周勤，2002）。通过比较“产权”观点与“合同关系”观点，罗伯逊等（Robertson 等，1994）指出，从产权角度出发，其纵向一体化的边界是清晰明了的。尽管中国土地所有权归集体所有，但选择自建茶园行为作为衡量企业一体化程度的合理性主要体现在，大部分企业与农民签订有效期为 15 年以上的土地流转契约，大部分契约明确界定了自建茶园中茶树及其产出茶青的产权归属。因此，纵向一体化程度可以通过茶叶加工企业从自建茶园中获得的茶青占所有茶青原料的比重（即自建茶园茶青占比）进行测度。研究将其设置为连续变量，取值范围 [0，1]。

本书讨论的纵向一体化区别于混合治理结构的组织模式，重点讨论部分纵向一体化、完全纵向一体化以及市场交易三种模式，对茶企质量安全绩效水平的影响是否存在显著差异。首先，将纵向一体化标准定义为 80%，即自建茶园中茶青占比超过 80%（Olmos，2010）；随后，参考 Parmigiani（2007）对部分纵向一体化定义，将自建茶园茶青占比在 20%～80%的企业定义为部分纵向一体化。按照比重的不同进行一体化程度的划分，以识别完全一体化与部分纵向一体化对企业质量安全绩效的影响是否存在显著差异。最后，为判断企业纵向一体化的程度是否以一定比重形式存在，本书对纵向一体化做了细分判断，并判断该比重以上能够达到的最优质量安全绩效水平。通过这种方法，可以对 Olmos（2010）所提出的“80%”纵向一体化标准进行侧面验证。

根据调查数据，89.33%的企业（合作社）以自建茶园的方式实现纵向一体化，且大部分企业的纵向一体化程度存在差异。这种纵向一体化模式在中国主要茶产区普遍存在。例如，浙江省茶企业来自上游纵向一体化的茶原料占比61%（中国茶产业研究报告2010）；管曦（2012）的研究显示，2008年福建省409家茶企业中有202家是采用完全纵向一体化模式组织茶叶种植。如果准许茶企业以更多方式获得原材料并将获取最多原料的途径界定为企业是否进行纵向一体化的标准，这一数量将超过202家。同样，杨江凡（2011）在福建省茶企业抽样调查的样本中发现，近80%的企业通过自建茶园或基地获取茶青。这说明中国主要茶产区加工企业在种植环节采取了较高程度的一体化。

对调查数据结果分析，企业自建茶园面积的标准差存在较大的差异（表3-2）。调查样本中，企业自建茶园面积平均值为2 229.49亩，去除超过1万亩的样本企业6家，发现自建茶园面积主要集中在2 000亩以下（图3-2）。

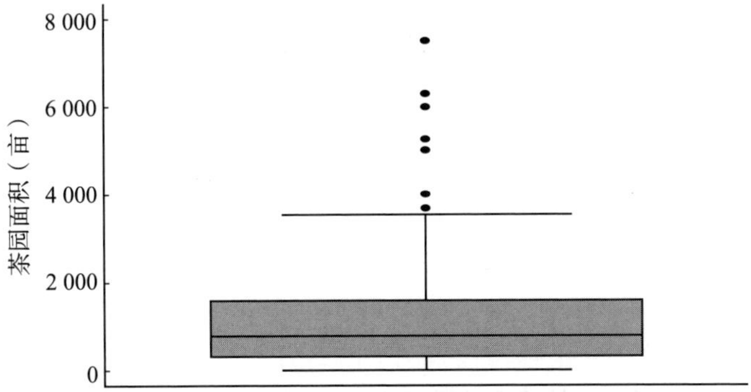

图3-2　企业自建茶园面积箱形图
数据来源：调查数据。

根据以上分析，将纵向一体化程度定义为企业自建茶园产出茶青占使用茶青总量的比重。样本统计结果显示，超过一半的茶叶加工企业通过自建茶园、向农户收购茶青两种形式获取原材料，即普遍采用部分纵向一体化（图3-3）。

相关分析发现，自建茶园茶青比重与茶园面积和公司总资产不存在显著相关关系，但是自建茶园面积与公司资产总额呈现显著正相关关系（表3-2）。

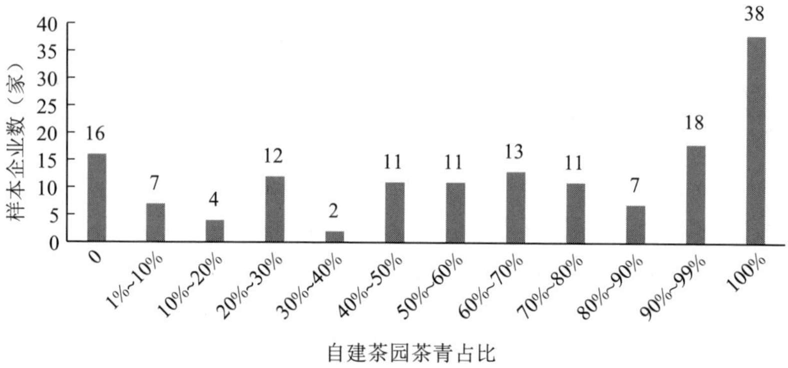

图 3-3 企业自建茶园所产茶青占茶青使用总量比重

数据来源：调查数据。

这说明企业资产越雄厚，越有能力自建茶园。自建茶园面积并不完全与生产决策有关，不能准确衡量企业基于生产决策做出的纵向一体化选择。因此，本书选择自建茶园茶青占比作为衡量茶叶企业纵向一体化程度的代理变量。

表 3-2 茶园面积、自建茶园茶青占比与公司资产总额的相关系数

	茶园面积	资产总额	自建茶园茶青占比
茶园面积	1.000 0		
资产总额	0.161 9** (0.047 8)	1.000 0	
自建茶园茶青占比	0.139 6 (0.088 4)	0.012 8 (0.876 6)	1.000 0

数据来源：调查数据。

注：括号内为 *P* 值，** 表示显著性水平为 5%。

调查数据显示，茶叶加工企业普遍存在向农户收购茶青的行为，不论其自建茶园面积大小。这在某种程度上证明，企业自建茶园的目的主要是为了占有特定稀缺资源、拓展产业发展类型。可见，企业选择自建茶园还兼有实现或加速茶文化、旅游、养生、餐饮等产业融合发展的考量（图 3-4），并非单一为了实现生产的规模经济、范围经济或减少交易成本。

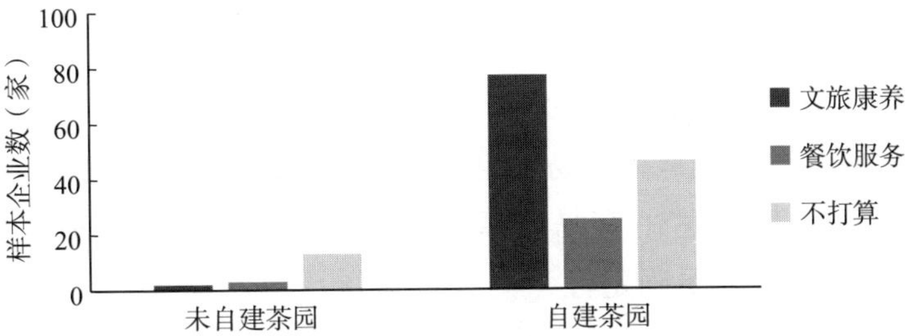

图3-4　企业已经从事或将来打算从事文旅康养、餐饮服务业务情况

数据来源：调查数据。

（2）交易属性相关变量

企业对于纵向一体化的选择受到产品属性、企业文化、管理能力等要素禀赋的影响，进而影响企业纵向一体化的程度和质量安全绩效。针对企业文化等因素观测与量化难度较大的问题，本书利用歧视一致性概念来解释组织模型有效性如何受交易层次属性的影响。在交易成本理论框架中，交易频率、不确定性和资产专用性决定交易的属性。本书将被解释变量定为质量安全绩效，交易属性变量集与质量安全绩效相关。

①差异化

差异化是影响交易属性，进而影响质量和安全性能的重要因素之一。差异化效应在园艺产品和大部分农产品中表现极为敏感（Olmos，2010）。在消费者对农产品价格不敏感的前提下，企业生产差异化产品会带来更高声誉，产品因此越有竞争优势。不具备精确的检测技术情况下，差异化产品要求企业对源头的卫生、品质做出更有效的控制，以维护差异化声誉。因此，一般企业会选择纵向一体化的方式进行生产。很多研究证实了差异化效应对纵向一体化的作用（Coles等，1998；Olmos，2010），研究通常利用虚拟变量反映差异化效应（Coughlan，1985；Anderson等，1987）。

从茶叶的差异化水平来看，蒸青茶、眉茶、珠茶是中国主要的出口或内销大宗茶（苏祝成，2011）。由于大宗茶产量大、资本密集、产品差异化程度低、资本密集，同时由于茶青来源受限，生产企业无法获取足量茶青，需要依赖于采购毛茶进行加工，以匹配同质化大宗茶产品（许咏梅，2009）。所以，本书以20%为界，将外购毛茶占茶叶总销量的比重作为差异化效应的代理变量，设为虚拟变量。

②不确定性

不确定性既是指人的行为的不确定性，也指政策、交易、自然环境的不确定性。环境不确定性是指交易发生前无法确定的情况。这一复杂性是由于交易双方难以清楚表达由交易环境影响带来的绩效的不确定性。Olmos（2010）将自然环境的不确定性作为代理变量；陈梅等（2015）则探讨了自然环境的不确定性对产品安全的影响程度。本书为控制自然环境的不确定性，选择了样本企业所在市（州）2017—2019年降水量方差作为自然环境不确定性的代理变量。原因在于降水量会影响农药使用以及农药残留情况。Kilmer等（2001）利用平均降水量指代草莓和土豆种植过程中农药和杀菌剂的残留量。

当交易双方难以准确衡量服务和产品时，就会导致市场失灵。所以不确定性来自绩效衡量困难（Williamson，1981）。产业集聚将降低监管难度、降低交易主体的不确定性，从而改变产业环境的不确定性。常见的不确定性可能增大搭便车的可能性（Erramilli等，1993）。于亢亢（2020）在纵向一体化与质量认证研究中，使用赫芬达尔指数来反映产业集中度并描述不确定性。郑继媛等（2021）研究发现，产业集聚显著改善了当地产品质量安全条件，抑制了交易主体的机会主义行为。结合贵州茶产业发展现状，目前茶叶种植重点覆盖36个县（区、地级市），已形成黔东优质出口绿茶产业带，黔中、黔南高档名茶产业带，黔北锌硒优质茶产业带，黔西北高山有机绿茶产业带、大叶籽早茶、花茶产业带（贵州茶叶产业发展报告2020）。因此，用样本企业是否位于这36个地区来反映茶产业环境的不确定性。

③资产专用性

资产专用性是指被特定用途锁定后，很难再用作其他用途的资产，若改作他用则其价值会降低，甚至可能变成毫无价值的资产（Rindfleisch等，1997）。资产专用性可以显著影响组织模式的选择（Williamson，1991）。为便于检验，将资产专用性分为场所专用性、人力资产专用性、时间专用性、实物资产专用性、品牌资产专用性和定制性资产（Olmos，2010）。陈梅等（2015）用量表法测量人力资本专用性和场地专用性。也有学者从固定资产投资总额（Olmos，2010）、供应商或买家的单一性（Levy，1985）和资本密集度（MacMillan等，1986）等方面进行测度。因为农药等防虫技术及其相关设备和人力的使用可反映与质量安全交易成本相关的资产专用性，本书选择从定制性资产和实物资产专用化两个方面衡量资产专用性。针对茶产业而言，贵州茶叶市场中夏秋茶占比为63.1%，因集中在病虫害高发季节，夏秋两季茶园药品使用相对集中（贵州茶产业发展报告，2019），所以夏秋两季茶青存在较大的质量安全风险（张天明等，2020）。茶农在夏秋两季种植过程中需要投入大量专用性资产。因此，将夏秋茶的种植用于衡量农户的资产专用性水平，设置虚拟变量，定义为茶叶企业夏秋茶销售占比是否超过60%。

定制性资产是专门为满足当前交易而设计的产品，如果交易在交付前终止，则会产生过剩产能（Williamson，1983）。由于有机茶种植过程需要投入专用性资产，所以本书将定制性资产的代理变量设定为企业是否销售有机茶。原因有以下三点：第一，有机茶的茶园选址要求较高。申请有机茶认证时，认证部门对茶园的土壤、空气、水源等，严格按照农业行业标准NY 5199—2002《有机茶产地环境条件》进行检验，一项不达标即视为不满足有机茶生产环境要求（汪普庆等，2009）。第二，有机茶种植过程中需要施用有机肥，并且严禁使用农药。根据规定，有机茶园每年至少使用两次有机肥，手工维护茶园多达三次。同时，由于有机农业条件苛刻，通过认证的时间可能长达三年。尽管销售收入相当于普通茶园的5～6倍，但是有机茶园产量低、种植成本远远超过普通茶园，一些有机茶园的维护成本甚至超过数百万元（杨江帆，2011）。第三，由于有机茶收购渠道的稀缺，加之茶青易腐的特性，一旦茶加工企业拒绝收购有机茶，茶农将面临巨大损失。

④错配

一方面，根据对企业纵向一体化的定义，需要检验不同组织模式在交易过程中质量安全绩效是否存在差异；另一方面，根据前面的讨论，需要考虑可能存在的错配问题（misalignment）。投资成本决定企业是否做出一体化决策，目前被观测到的产业组织模式是基于组织模式与一系列交易属性的搭配。本书需要验证的是，质量模式的适宜性对于质量安全绩效水平的影响。基于此，本书借鉴Leiblein等（2002）的观点，对不一致性进行了定义。根据交易成本理论，企业选择的组织模式可能不符合交易成本的预测，相比企业现有的组织模式而言，其他组织模式可能更为有效。为判断这一点，参考相关文献，选取交易类型下企业未做出正确选择造成的组织模式偏离概率水平进行衡量。给出以下方程：

$$\text{Prob}(VI_i) = \Phi(\gamma' w_i) \tag{12}$$

式中，w_i 表示企业选择组织模式并决定质量安全风险的相关交易特征向量，$\Phi(\cdot)$ 为服从标准正态分布的累积分布函数，γ 表示 w_i 的待估计参数向量，VI_i 是指样本企业 i 的组织模式中一体化的具体情况。根据公式(12)，随着 VI_i 的不断变化，概率也随之变化。就本研究而言，可用于观察企业是否通过自建茶园对茶青来源进行过度控制的可能性，也能捕捉到当茶青全部外购时导致企业质控水平下降而出现产品质量安全风险增大的情况。当企业选择采用纵向一体化组织模式时，不一致性程度被定义为 $1-\Phi(\gamma' w_i)$，当企业不选择纵向一体化组织模式时，不一致性程度被定义为 $\Phi(\gamma' w_i)$。

⑤控制变量

技术协同效应：如果对两个阶段同时进行质量安全保障投入，可以发现，面对相等的投入水平，外购情况相比纵向一体化阶段效果更差。企业为了追求利益的最大化，在纵向一体化的组织模式下通过对内部不断调整、控制和优化，反而能具备最优控制水平。为了保证第二阶段质量安全风险控制输入的有效性，以是否超过 1 万元作为衡量标准，将企业在 2020 年投入的质量安全培训成本设置为虚拟变量，超过 10 000 元设置为 1，未超过为 0，并与纵向一体化变量进行交叉相乘以识别技术的协同效应。

企业规模：根据对文献研究的梳理，已有研究对于企业规模的衡量往往采取企业的销售额、固定资产总额以及从业人数等指标。此外，在关于纵向一体化对企业质量安全绩效影响的研究中，企业特征被证实同样发挥着重要作用。一方面，陈梅（2015）通过研究发现，企业对于原材料的投资以及治理模式会受到其自身规模的影响；另一方面，Rouvière（2016）发现当存在交叉感染的食品安全风险时，企业规模差别对于食品安全风险控制产生了异质性。规模较小的企业质量安全控制的投入相对于规模较大的企业而言更高。因此，本研究考虑到茶产业相关特点（苏祝成，2011），将总资产不足 500 万元的企业定义为小企业，设置虚拟变量，赋值为 1；总资产超过 500 万的企业定义为大中企业，赋值为 0。

质量安全管理体系认证：研究人员非常重视纵向一体化和质量安全管理

体系及产品认证之间关系（Schuster 等，2013）。廖卫东等（2018）认为企业通过 HACCP 体系认证是一种企业直接通过加强内部质量安全管理与风险控制的治理方式。学界也普遍认为，企业通过参与质量安全管理体系和产品认证，可以有效提升内部质量安全水平（周洁红，2007）。因此，研究中将企业是否通过质量安全管理体系认证作为控制变量之一，加入回归模型。

国家标准执行情况：随着经济的发展，中国食品标准也日臻完善。包括地方标准、行业标准、国家标准等在内的各级标准体系已经成形并不断发展，有效规范农业及食品企业生产经营行为，对食用农产品质量安全绩效产生重要影响（Wang 等，2019）。基于中国茶产业标准体系现状及特点，本研究重点关注国家标准的执行及实施情况。将企业执行国家标准情况设置为虚拟变量，企业执行国家标准赋值为 1，不执行则赋值为 0。

企业经营年限：模型分析中，控制了茶叶加工企业实际经营年限。Kreps（1982）认为，随着企业经营的不断持续，从经营中不仅积累了资本，通过“干中学”（Learning by doing）也可以积累丰富的质量安全管理及风险控制经验。经过与市场重复博弈打造了良好的企业声誉，进而激励企业不断提高产品质量安全水平（周小梅等，2016）。Ganesan（1994）的研究也发现，与供应商交易时间的长短会影响对交易对象的熟悉程度，为进一步建立良好合作关系奠定基础，从而可能对减少机会主义行为发生产生积极影响。因此，企业的经营年限在某种程度上会影响企业选择纵向一体化的动机，是模型中需要控制的重要影响因素。

品牌的创建：关于品牌与企业质量安全管理及风险控制之间的关系，已有大量研究。Jayasinghe-Mudalige 等（2007）通过研究发现，品牌在企业的质量管理控制过程中发挥着重要作用，在同质化程度较高的农产品市场为了吸引顾客，赢得消费者的青睐，往往通过创建私人品牌方式争取客源，以保障并提高收益水平。为了维持这种竞争优势，企业更愿意在提升产品质量安全方面做出努力，以推广和宣传自身品牌、提高品牌美誉度，并积极规避质量安全违规行为（Ménard 等，2005）。可见，品牌创建对食用农产品质量安全的积极影响不容忽视。模型中将企业是否拥有企业私人品牌作为虚拟变量，拥有自主品牌赋值为 1，没有创建自主品牌赋值为 0。

其他控制变量：除以上主要控制变量外，模型还控制了政府对茶叶企业的抽检批次、茶企是否同时为农民专业合作社，以及企业是否对员工开展质量安全培训等影响因素。

3.3.2.2 被解释变量

根据研究的主要问题，模型中的被解释变量为茶叶企业的食用农产品质量安全绩效水平。根据对茶叶质量安全的定义，市场上销售的茶叶必须满足国家强制性标准中对农药、微生物、食品添加剂等风险因素的强制性规定，以保证食用后对身体健康没有影响，不会造成食源性危害。对被解释变量的设定，参考了其他学者的研究。Wang 等（2019）以中国猪肉企业为例，以食品质量安全抽检是否出现不合格及其严重程度作为因变量，检验了猪肉企业市场集中度对其产品质量安全绩效的影响。也有学者从抽检合格率角度以及公司年报中“质量问题”出现的次数，衡量其质量安全绩效水平（任曙明等，2014；房丽娜等，2019）。

研究结合茶产业的特点以及茶叶本身存在的经济特性、交易特性等，以2018—2020 年三年间样本企业被政府抽检中是否出现不合格情况，衡量其质量安全绩效。如果发生食品违规行为，赋值为 1，未发生则为 0。结合相关文献对食品质量安全违规行为的分析，将涉及的风险因素分为以下几类：①农药残留超标；②重金属和微生物超标；③食品添加剂或着色剂的使用；④理化指标不合格；⑤标签、包装不符合规定。其中，前两类食品违规行为主要发生在茶叶的生产过程中，农药超标是最为主要的问题；食品添加剂和微生物污染主要存在于茶叶加工过程中；最后两类食品违规行为涉及产品营养等质量指标的不合格，以及运输和售卖过程中配套服务问题。样本企业中，只有两家企业存在食品添加剂的违规使用，并且同时农药残留超标。尽管标签不符合、包装存在污染并不与食品生产过程及质量安全直接关联，Antle（2001）研究发现，如果企业采取了自建茶园或者生产基地等一体化组织模式，企业往往能更好地了解农业生产的第一手信息，特别是了解农药是否得到合理使用等风险因素的情况，并通过为顾客提供完善的标签与包装服务，降低生产成本的同时更有效保障了消费过程中产品的质量安全。此外，问卷中还设置了“其他违规行为”这一公开选项，但反馈数据并未发现其他违规行为。

利用样本企业反馈的 2020—2021 年经营数据，对茶叶企业自建茶园茶青占比情况进行了统计分析。通过比较各比重的分布频率图（图3－5），直观展示了自建茶园茶青占比与企业质量安全违规频率之间的关系。当茶叶企业自建茶园茶青占比小于20％时，质量安全违规的频率最高。随着自建茶园茶青占比超过20％，企业质量安全违规频率大幅下降。自建茶园茶青比重在20％～80％时，企业质量安全违规频率总体保持在一个相对稳定水平；但当自建茶园茶青比重超过80％时，质量安全违规频率降至最低。可以看出，通过自建茶园等上游一体化产业组织方式，显著降低了茶叶加工企业食品质量安全违规行为发生的频率。

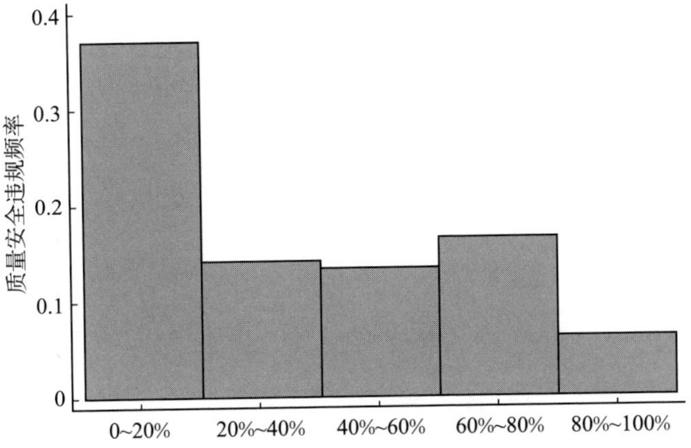

图3－5　纵向一体化程度与质量安全绩效

数据来源：调查数据。

为进一步揭示当自建茶园供应的茶青比重超过80％后（高度一体化），是否仍能进一步降低质量安全违规风险，本书将自建茶园的茶青比重进一步细分为80％（含）至90％（不含）、90％及以上（不含100％）以及100％。结果显示（表3－3），自建茶园茶青比重达到80％及以上时，企业质量安全违规风险达到最低，即存在最优纵向一体化程度。但是继续提高一体化水平不仅没有进一步降低违规频率，违规频率反而有所提高。很显然，忽略自身能力的过度一体化不仅不能实现企业质量安全管理及风险控制效率的提升，还可能增加企业经营管理成本，不利于企业健康、可持续发展。实证部分将对此做进一步检验。

表 3-3 纵向一体化程度与质量安全绩效

	样本量（家）	质量安全违规概率
自建茶园茶青占比 80%及以上	63	0.063
自建茶园茶青占比 90%及以上	57	0.088
自建茶园茶青占比 100%	38	0.079

数据来源：调查数据。

3.3.2.3 描述性统计

基于 150 份茶叶加工企业调查问卷反馈数据的整理，对上述提出的主要变量进行了描述性统计（表 3-4）。

首先，对主要控制变量的统计描述显示，2020 年政府监管部门对样本企业茶叶抽检频率平均达到了 4.67 次。随着政府监管力度的不断加强，企业越来越重视通过建设自有品牌、加大员工培训力度等方式提高茶产品的质量安全。样本中 69%的企业都创立了自主品牌，58%的企业 2020 年质量安全培训费用超过 10 000 元。不仅如此，企业为规范自身生产行为，不断加大质量安全管理投入。其中，10%的企业通过了 HACCP 体系认证，69%的企业通过引入国家标准等确保茶叶品质安全。样本企业平均经营年限为 9 年，经营时间最长的企业达到了 27 年。

其次，茶叶生产的自然环境存在着严重的不稳定性。考察期内（2018—2020 年）降水量方差平均值为 4 781.83 毫米，降水量的最小值和最大值之间差异巨大。不同地区、不同季节降水量影响着茶叶的生长，并与企业收入息息相关，同时调查数据中位于 36 个重点茶叶产区的企业（合作社）占总量的 75%。而在茶叶销售方面，不同企业具有不同的市场定位和经营目标，有 55%的企业存在同时收购毛茶和加工初制茶的情况；夏秋茶销售额占比超过 60%的企业占总数的 29%，同时生产销售有机茶的企业逐步增加，占总样本量的 44%。

最后，模型中的核心解释变量与被解释变量。根据样本数据的统计，选择纵向一体化组织模式的茶叶加工企业，即自建茶园茶青占比超过 80%的企业占样本总量的 42%；选择部分纵向一体化的企业，即自建茶园茶青占比在 20%～80%之间的企业占 39%。同时，在考察期内（2018—2020 年）有 15%的样本企业在政府食品抽检中出现了不合格情况。由于样本所在地

表 3-4　变量及数据描述

变量名	变量描述及定义	样本量	均值	标准差	最小值	最大值
被解释变量						
质量安全风险防范效果	1=近三年发生质量安全违规行为	150	0.15	0.36	0	1
核心解释变量						
纵向一体化	1=所使用茶青中超过80%来源于自有茶园	150	0.42	0.50	0	1
部分纵向一体化	1=所使用茶青中20%～80%来源于自有茶园	150	0.40	0.49	0	1
纵向一体化（连续）①	所使用茶青中自有茶园生产的茶青占比	150	6.55	3.58	0	10
纵向一体化（1%～20%）	1=所使用茶青中1%～20%来源于自有茶园	150	0.07	0.26	0	1
纵向一体化（20%～40%）	1=所使用茶青中20%～40%来源于自有茶园	150	0.09	0.29	0	1
纵向一体化（40%～60%）	1=所使用茶青中40%～60%来源于自有茶园	150	0.15	0.35	0	1
纵向一体化（60%～80%）	1=所使用茶青中60%～80%来源于自有茶园	150	0.16	0.37	0	1
第一步回归中解释变量						
实物资产专用性	1=夏秋茶销售额占比超过60%	150	0.29	0.45	0	1
定制性资产	1=销售有机茶	150	0.44	0.50	0	1
差异化效应	1=采购毛茶量占茶叶总量超过20%	150	0.55	0.50	0	1

（续）

变量名	变量描述及定义	样本量	均值	标准差	最小值	最大值
自然环境不确定性	各市（州）近三年年均降水量方差（毫米）	150	4 781.83	2 925.33	1 146.34	9 112.04
经营环境不确定性	1=样本所在县（区）处于茶产业园区	150	0.75	0.43	0	1
	第二步回归控制变量					
规模	1=企业2020年固定资产总额小于500万元	150	0.12	0.33	0	1
合作社	1=经营主体是农民专业合作社	150	0.13	0.34	0	1
经营年限	实际经营年限	150	9.37	4.91	3	27
品牌	1=拥有自主品牌	150	0.69	0.46	0	1
政府抽检频次	2020年政府抽检批次数（次）	150	4.67	4.67	0	90
质量安全管理体系	1=通过 HACCP 认证	150	0.10	0.30	0	1
国家标准	1=执行国家标准	150	0.57	0.50	0	1
质量安全培训	1=2020年用于员工的质量安全培训费用超过10 000元	150	0.58	0.50	0	1

数据来源：调查数据。

注：①受样本量的制约，如果变量均设为虚拟变量，会导致自由度损失过大。若作为连续变量，虽然受分段影响相同的前提条件限制，但仍能为验证提供重要参考。模型中将自建茶园获得的茶青占比按0、0%～10%、10%～20%、20%～30%、30%～40%、40%～50%、50%～60%、60%～70%、70%～80%、80%～90%、90%～99%、100%进行等距分组，分别对应数值0～11。

区在打造“贵州绿茶”这一区域公共品牌时，政府特别将“干净茶”“生态茶”作为核心竞争力。茶叶加工企业任何违反质量安全法的行为，都会受到最严厉的处罚。因此，模型中用“近三年企业是否发生质量安全违规行为”替代了违规次数，以准确衡量企业食用农产品质量安全治理中风险防范的有效性。模型将探讨企业一体化行为如何影响其食品质量安全风险防范效果，以及不同一体化程度的影响是否存在差异等。由于不确定性因素始终存在，企业食品质量安全风险不可能完全避免，研究将重点探讨企业纵向一体化行为对降低其食用农产品质量安全违规概率的影响及逻辑关联。

3.3.3　茶产业纵向一体化影响茶企食品质量安全风险防范行为的实证检验

（1）模型设定

由于模型设定中被解释变量为二值变量，故利用Probit模型进行估计。其中 P_i^* 为表示企业质量安全违规概率的潜变量，具体表示为：

$$P_i^* = \beta' X_i + \delta VI_i + \varepsilon_i \tag{13}$$

式中，ε_i 表示误差项，下标 i 代表企业编号，取值范围是1～150。β 是待估参数向量，X_i 表示控制变量，VI_i 表示组织模式。以 P_i 表示被观测企业是否发生质量安全违规行为。$P_i=1$ 表示被观测企业 i 发生违规行为，$P_i=0$ 表示被观测企业 i 未发生违规行为。公式表示为：

$$P_i = 1 \quad \text{if} \quad (P_i^* > 0)；\text{否则} \quad P_i = 0 \tag{14}$$

根据公式（13）、（14），Probit模型最终设定为：

$$P(P_i=1) = prob[\varepsilon_i > -(\beta' X_i + \delta VI_i)] = 1 - \phi[-(\beta' X_i + \delta VI_i)] \tag{15}$$

式中，$\phi(\cdot)$ 为正态分布的累积分布函数。

在茶产业链的各经营主体中，茶叶初制企业（合作社）位于产业链后端，对茶叶质量安全起到源头保障作用。故选择了茶叶初加工企业（合作社）作为研究对象，探讨纵向一体化行为对茶企质量安全管理及风险防范的影响及作用机制。根据前文理论分析，无论企业（合作社）是否对茶青进行抽检，企业（合作社）在纯粹市场交易组织模式和契约交易组织模式下均存在茶叶质量安全风险，而纵向一体化在应对上述质量安全风险中发挥着重要作用。实践中，自建茶园为自己提供茶青，或向外部采购茶青，是目前多数茶叶加工企业（合作社）获取茶青的两种主要渠道，故而需要判断何种程度的纵向一体化可以达到治理效果的最优化，即实现质量安全绩效的最大化。

为检验假设 H_4 是否成立，除在原方程中纳入纵向一体化变量进行直接检验外，还对模型展开进一步处理：首先，将自建茶园茶青占比等距划分为 12 组，并赋值 0～11，然后作为离散变量放入 X_i 中；其次，以 3.3.2 中关于变量设置内容为基础，分别将纵向一体化（企业自建茶园茶青占比超过 80%）、部分纵向一体化（企业自建茶园茶青占比为 20%～80%）赋值为虚拟变量并放入 X_i 中；第三，将企业自建茶园茶青占比按照每 20%为一档进行等距划分，并赋值为分类变量，与未自建茶园的企业质量安全风险防范效果进行比较，以识别提升茶叶质量安全风险防范水平的最优纵向一体化程度。

为检验假设 H_3 是否成立，即与外购茶青相比，选择纵向一体化企业（合作社）质量安全风险防范效果更高，假定在第二阶段质量安全控制的投入水平既定的情况下，进一步验证分散产权企业在第一阶段的质量安全风险控制效果。在控制 X_i 向量中的技术协同与质量安全投入的影响后，企业质量安全风险防范效果（或违规概率 P_i^*）可表示为：

$$P_i^* = \beta_1{}' X_{i1} + \delta VI_i + \upsilon s_i + \alpha TEC_i + \varepsilon_i \tag{16}$$

式中，X_{i1} 表示分别去除质量安全控制努力标量、技术协同作用标量后，其他影响质量安全绩效的控制变量，β_1' 表示估计参数；s_i 表示质量安全培训（质量安全控制努力）标量，υ 为质量安全培训标量的估计参数；TEC_i 表示技术协同作用标量，α 为技术协同作用的估计参数。因此，技术协同效应可以表示为：

$$E(P_i^* \mid s_i=1, VI_i=0, TEC_i=1) - E(P_i^* \mid s_i=1, VI_i=0, TEC_i=0) = \upsilon + \alpha \tag{17}$$

式中，υ 是质量安全培训的系数，α 是纵向一体化所产生的技术协同作用。

（2）回归结果

回归结果见表 3-5。在回归分析的五个模型中：模型 1 直接分析纵向一体化对质量安全风险防范效果的影响；模型 2、3、4 则是分别将自建茶园茶青占比的离散型变量、部分纵向一体化的虚拟变量以及自建茶园茶青占比在 1%～20%、20%～40%、40%～60%、60%～80%、80%～100%的虚拟变量纳入质量安全风险防范方程，以检验假设 H_1、H_4 是否成立；模型5将企业质量安全培训变量与纵向一体化变量的交互项作为技术协同变量放入 X_i 中，即技术协同变量＝企业质量安全培训变量×纵向一体化变量。其中，企业质量安全培训变量被定义为“2020年企业的质量安全培训费用是否超过10 000元”，设置为虚拟变量，代表企业在第二阶段是否开展了质量安全风险控制。

表3-5　质量安全风险防范 Probit 模型回归结果

解释变量	模型1		模型2[②]	模型3[③]	模型4[③]	模型5[③]
	系数	边际效应[①]	系数	系数	系数	系数
纵向一体化	−0.91*** (0.328)	−0.17*** (0.059)		−1.39*** (0.403)	−1.45*** (0.463)	−0.45 (0.420)
部分纵向一体化				−0.79** (0.350)		
纵向一体化（连续）[b]			−0.12*** (0.039)			
纵向一体化（1%～20%）					−0.06 (0.526)	
纵向一体化（20%～40%）					−1.03 (0.659)	
纵向一体化（40%～60%）					−1.05** (0.504)	
纵向一体化（60%～80%）					−0.52 (0.474)	
技术协同						−1.03 (0.684)
规模	0.11 (0.314)	0.02 (0.058)	0.11 (0.326)	0.07 (0.330)	0.06 (0.330)	0.13 (0.308)
经营年限	−0.06** (0.031)	−0.01** (0.006)	−0.05 (0.030)	−0.05* (0.029)	−0.06* (0.030)	−0.07** (0.032)
差异化效应	0.37 (0.287)	0.07 (0.054)	0.42 (0.293)	0.40 (0.288)	0.38 (0.286)	0.33 (0.288)
合作社	−0.52 (0.384)	−0.10 (0.073)	−0.47 (0.364)	−0.56 (0.359)	−0.62 (0.391)	−0.50 (0.380)

（续）

解释变量	模型 1		模型 2②	模型 3③	模型 4③	模型 5③
	系数	边际效应①	系数	系数	系数	系数
品牌	−0.85*** (0.311)	−0.16*** (0.057)	−0.86*** (0.310)	−0.91*** (0.315)	−0.94** (0.315)	−0.90*** (0.312)
政府抽检频次	0.02* (0.011)	0.003* (0.002)	0.02** (0.012)	0.03** (0.011)	0.03** (0.012)	0.02* (0.012)
质量安全管理体系	0.52 (0.469)	0.10 (0.086)	0.50 (0.465)	0.43 (0.475)	0.42 (0.456)	0.61 (0.486)
国家标准	−0.54* (0.288)	−0.10* (0.051)	−0.49* (0.284)	−0.55* (0.299)	−0.61** (0.309)	−0.58* (0.304)
质量安全培训	−0.07 (0.286)	−0.01 (0.053)	0.02 (0.289)	0.03 (0.283)	0.02 (0.282)	0.21 (0.342)
常数项	0.26 (0.591)		0.41 (0.636)	0.62 (0.625)	0.78 (0.655)	0.17 (0.587)
Log pseudo-likelihood	−50.83		−50.26	−48.35	−47.74	−49.69
Pseudo R^2	0.21		0.22	0.25	0.26	0.23
Wald χ^2 (10)③	29.63		34.42	36.35	37.65	27.79
Prob>chi2	0.001 0		0.000 2	0.000 1	0.000 6	0.003 5
Number of observations	150		150	150	150	150

数据来源：调查数据。

注：括号内为稳健标准误。***、**、* 分别表示1%、5%、10%的显著性水平。①只在基础模型（模型1）中展示边际效应，一方面可以更加直观表现各解释变量对质量安全风险防范的边际影响，另一方面模型2、3、4、5主要用于检验假说 H_3、H_4 是否成立，且出于表格美观性的考虑，并未在后四个模型中展示边际效应；②本研究将企业自建茶园获取茶青的占比以0、0～10%、10%～20%、20%～30%、30%～40%、40%～50%、50%～60%、60%～70%、70%～80%、80%～90%、90%～100%等11个水平进行划分并相应赋值为0到11的离散型变量，以此作为企业纵向一体化的指代。在模型2中，将自建茶园获取茶青的占比作为连续型变量，以兼顾当样本量较小时，作为虚拟变量处理会降低模型2的自由度。现有处理方法虽然会忽略不同水平分段之间的影响作用，但仅作为一个验证角度还是具有一定参考意义；③模型3、5的自由度是11，模型4的自由度是14。

模型1（基准回归模型）的回归结果显示，纵向一体化对企业（合作社）质量安全违规概率产生负向影响，显著性水平达到1%。具体来说，选择纵向一体化组织模式的企业（合作社）存在质量安全违规的概率要比选择外购茶青的企业低约16%。而规模影响在所有模型中均不显著。已有研究提出，在考虑存在交叉感染风险的前提下，大规模企业的质量安全水平会低于中规模企业（Rouvière，2016）。也有部分研究表明并未在农业部门的企业规模与风险防范之间发现显著关联（Chen 等，1985；Wagner，1992；Fulton 等，1995）。为检验这一观点，将固定资产总额划分为 500 万～2 000 万元、2 000 万元以上两个水平，设置虚拟变量指代企业规模大小。回归结果显示，规模与质量安全水平之间并不存在显著联系。

企业（合作社）经营年限对质量安全违规概率呈负向影响，显著性水平达到 5%，即经营年限越长违规概率越低。是否为农民专业合作社对质量安全风险防范效果则无显著影响。对此已有研究也未达成共识。一些学者提出，企业纵向一体化对质量安全水平的影响要优于合作社（汪普庆等，2009）；也有学者在特定农产品的研究中，发现合作社模式下的质量安全管理效率更高（袁雪霈等，2019）。

企业是否拥有自主私人品牌对质量安全违规概率存在负向影响，显著性水平达到 1%。边际分析结果显示，拥有自主私人品牌可以使违规概率降低 16%。这一结果与 Ménard 等（2005）关于自主私人品牌与质量安全风险防范的讨论结果一致。政府抽检的频次对质量安全违规概率表现为显著正向影响，即抽检频次越高，质量安全违规概率也越高。这一结果与部分研究观点存在冲突（Hennessy，1996）。其原因可能在于，企业（合作社）的质量安全状况会反向影响政府抽检行为，即当企业（合作社）质量安全状况较差时，政府会加大对其产品的抽检力度。企业（合作社）是否执行国家标准对质量安全违规概率表现为负向影响，显著性水平为 10%。即执行国家标准会使企业（合作社）违规风险降低 10%。在控制纵向一体化的影响后，茶叶加工企业差异化效应、质量安全控制体系认证与质量安全培训等，均未对企业质量安全违规概率表现出显著影响。

从模型 2 的回归结果来看，纵向一体化程度（自建茶园茶青占比）同样表现出显著影响，显著性水平达到 1%。具体表现为，企业（合作社）质量安全违规概率会随着自建茶园茶青占比上升而逐渐下降。根据模型 2 中关于自建茶园茶青占比作为连续变量的处理（见表 3-5 注），实际默认为以 10 个百分点为距离的等距分组，以反映纵向一体化程度与质量安全违规概率的总体影响趋势。这种处理方式存在一定缺陷，缺乏现实参考。为解决这一问题，增加了模型 3、4 作为进一步补充说明，以提高回归结果的说服力，验

证假设 H_4。

在模型 3 中，将自建茶园茶青占比为 20%～80%作为企业部分纵向一体化的代理变量。回归结果显示，纵向一体化与部分纵向一体化均能显著降低企业质量安全违规概率，显著性分别为 1%和 5%。具体来说，与自建茶园茶青占比在 20%以下的企业相比，选择纵向一体化与部分纵向一体化组织模式的企业均有效降低了质量安全违规风险。从影响系数的估计结果来看，纵向一体化组织模式的影响更强。为检验纵向一体化程度是否存在最优，依据前面对变量设置的分析，将企业（合作社）自建茶园茶青占比分为 1%～20%、20%～40%、40%～60%、60%～80%、80%～100%五组，设置虚拟变量代入模型。根据回归结果，上述虚拟变量的系数均为负，即相对于外购茶青的企业（合作社），随着纵向一体化程度的提高，企业质量安全违规概率将下降，但仅有自建茶园茶青占比为 40%～60%的组显著性水平达到 5%，其他组段不显著。根据回归系数的大小判断，达到 80%以上的纵向一体化程度最有利于降低质量安全违规概率，证明纵向一体化程度存在最优水平。根据已有研究提出的，纵向一体化程度对质量安全风险防范效果的影响呈倒"U"形关系（Kaiser 等，2020）的结论，模型 2、模型 3、模型 4 均证明了，茶产业部分纵向一体化对企业质量安全风险防范效果的影响，从完全市场交易到完全纵向一体化的过程中，没有显现出显著的连续性。同时也印证了，Olmos（2010）提出的 80%以上的纵向一体化分类定义标准，比 Puranam 等（2013）提出的单独对部分一体化做出估计更合适。

相较于前四个模型，模型 5 中增加了技术协同变量。根据回归结果，纵向一体化、技术协同以及质量安全培训三个变量的影响均不显著。可能的原因在于，技术协同交互项的引入导致模型中解释变量之间产生多重共线性（Smith 等，1979）。因此，使用似然比检验（*LR test*）的方法对质量安全培训和技术协同效应（即式 17）做出联合检验，而联合检验结果也并不显著（结果为 $LR\ \chi^2$（2）＝2.34）。据此判断，不存在纵向一体化导致的影响质量安全风险防范效果的技术协同效应。

3.3.4 自选择、错配与模型纠正

（1）模型设定

前面分析讨论了有关交易属性的影响，阐述了纵向一体化对质量安全风

险防范的积极意义。此外，也有研究立足于企业内部行为探讨了企业治理行为选择与纵向一体化的关系。结论指出，行为选择会因一体化程度差异而引起变化（张蓓等，2014）。当然，企业的自我选择，即企业管理理念、社会责任心等因素都可能影响企业纵向一体化的选择行为。实际情况是，纵向一体化程度与加强质量安全治理意愿之间呈正相关关系，可能是企业自我选择的结果，从而导致对两者之间关系的错误判断。为解决这一问题，经常使用的方法包括两步估计法，对企业组织模式存在的自选择问题进行了检验与控制（Heckman，1978；1979）。该方法也常用于解释战略选择与企业风险防范之间的关系（Olmos，2010；Leiblein 等，2002；Handley，2017）。假设企业纵向一体化决策模型如下：

$$\begin{aligned} VI_i^* &= \gamma' w_i + u_i \\ VI_i &= 1 \quad \text{if} \quad VI_i^* > 0, \\ &\quad 0 \quad \text{否则} \end{aligned} \tag{18}$$

假设 u_i 服从标准正态分布，即满足多元概率比回归模型（Probit）的设定。需要指出的是，存在数据测量困难或者诸如领导能力等不可观测因素，使本应放在 w_i 中的不可观测值错误地放在了 u_i 中。下式为质量安全风险防范方程：

$$P_i = \beta' X_i + \delta VI_i + \varepsilon_i \tag{19}$$

式中，P_i 是 i 企业的质量安全风险防范行为，X_i 是影响 i 企业质量安全风险防范的关键变量，ε_i 是误差项。同样，ε_i 如 u_i 一样，受到错误放在 ε_i 中的非观测因素的影响。当然，如果 ε_i 与 u_i 中同时存在不可观测因素的话，那么二者之间可能存在一定的相关性。除非所有因素都包含在 X_i 中，可设 ε_i 与 u_i 服从二元正态分布，相关系数为 ρ。同时，在 w_i 中的变量也可以出现在 X_i 中。因此，对 P_i 的期望值为：

$$\begin{aligned} E[P_i \mid VI_i = 1] &= \beta' X_i + \delta + E[\varepsilon_i \mid VI_i = 1] \\ &= \beta' X_i + \delta + E[\varepsilon_i \mid u_i > -\gamma' w_i] \\ &= \beta' X_i + \delta + \rho\delta_\varepsilon[\phi(\gamma' w_i)/\Phi(\gamma' w_i)] \end{aligned} \tag{20}$$

式中，$\Phi(\cdot)$ 表示累积分布函数，$\phi(\cdot)$ 表示标准正态分布的概率密度函数。此外，需要指出的是，如果企业选择纵向一体化，则 ε_i 的期望值不为 0。若假定企业选择纵向一体化时，那么期望的质量安全风险防范期望值为：

$$E[P_i|VI_i=0]=\beta' X_i+E[\varepsilon_i|VI_i=0]$$
$$=\beta' X_i+E[\varepsilon_i|u_i\leqslant-\gamma' w_i] \quad (21)$$
$$=\beta' X_i+\rho\delta_\varepsilon\{-\phi(\gamma' w_i)/[1-\Phi(\gamma' w_i)]\}$$

因此，在考虑自选择问题时，组织模式与质量安全风险防范效果的关系方程则为：

$$E[P_i|VI_i=1]-E[P_i|VI_i=0]=\delta+\rho\delta_\varepsilon\{\phi(\gamma' w_i)/\Phi(\gamma' w_i)[1-\Phi(\gamma' w_i)]\} \quad (22)$$

上述公式说明，公式（11）对 δ 进行估计是正确；否则使用公式（19）估计时，会存在自选择问题，导致估计结果出现选择性偏误。为正确估计 δ，本书首先使用组织模式方程对 γ 进行估计，以有效估计式（20）、式（21）中方括号内的值，然后再将 λ 代入两式中，得到 δ 值。

此外，如前所述，在研究组织模式对质量安全风险防范的影响中，常常假设企业面临交易风险时均选择恰当的组织模式。如果将错误配置的变量加入模型后，则可以判断企业组织模式不符合交易成本预测对质量安全风险防范产生的影响。

在解决自选择时，第一步回归可以使用多元概率比回归模型（Probit）估计式（23），即：

$$P(VI_i=1)=prob[u_i>-(-\gamma' w_i)]=1-\phi[-(-\gamma' w_i)] \quad (23)$$

式中，w_i 是影响企业（合作社）选择一体化组织模式的交易属性向量，γ 是系数向量，u_i 是误差项。回归结果见表 3－6。

表 3－6　纵向一体化决策 Probit 模型估计结果

解释变量	系数	边际效应
物质资产专用性	0.50** (0.233)	0.16** (0.073)
定制性资产	0.45** (0.227)	0.15** (0.071)
差异化效应	−0.93*** (0.223)	−0.30*** (0.307)
自然环境不确定性	−0.000 05 (0.000 04)	−0.000 02 (0.000 01)

（续）

解释变量	系数	边际效应
经营环境不确定性	−0.27 (0.260)	−0.09 (0.085)
常数项	0.36 (0.316)	
Log pseudo-likelihood	−86.57	
Pseudo R^2	0.15	
Wald χ^2 (5)	26.76	
Prob>chi2	0.000 1	
Number of observations	150	

数据来源：调查数据。

注：括号内的为稳健标准误。***、**、*分别表示1%、5%、10%的显著性水平。

（2）结果分析

①第一步估计结果

表3-6为Heckman两步估计法中第一步的回归结果。如表所示，物质资产专用性的正向影响达到5%的显著性水平，意味着物质资产专用性的提高会促进企业（合作社）选择纵向一体化组织模式。当企业质量安全管理及风险控制存在物质资产专业性时，选择纵向一体化的概率会提升16%。定制性资产的回归结果也与已有研究结果保持一致（Olmos，2010），即定制性资产投资对企业（合作社）纵向一体化的选择具有显著的促进作用，存在定制性资产投资的茶叶加工企业选择纵向一体化的概率会提高15%。此外，差异化效应对企业（合作社）选择纵向一体化则具有显著的抑制作用。如果产品缺乏差异性，会导致企业选择纵向一体化的概率降低30%，或企业（合作社）产品单一化会导致其选择纵向一体化的概率下降。但是自然环境不确定性和经营环境不确定性在统计上不显著。可能的原因是，市（州）一级产业园的划分标准对核心变量的影响较小，难以形成统计意义上的显著影响。在第一步回归结果的基础上，计算逆米尔斯指数（λ）以及错配程度，并带入第二步回归方程。

②第二步质量安全风险防范行为回归

表3-7为Heckman两步法中第二步的回归结果。模型1为未加入自选

择纠正（逆米尔斯指数）及错配程度的模型，将其作为基准模型。将自选择纠正（逆米尔斯指数）和错配程度同时加入模型 6 中。在模型 6 中，严格限制纵向一体化和外购的情况下，保证自选择参数的一致性（Leiblein 等，2002），因此，模型 6 被作为处理方程。模型 6 方程为：

$$P_i^* = \beta' X_i + \delta VI_i + \beta_\lambda \lambda_i + \varepsilon_i$$

$$\lambda_i = \frac{\phi(\gamma' w_i)}{\Phi(\gamma' w_i)} \quad \text{if} \quad VI_i = 1$$

$$\text{或 } \lambda_i = -\phi(\gamma' w_i)/[1-\Phi(\gamma' w_i)] \quad \text{if} \quad VI_i = 0 \qquad (24)$$

表 3-7　质量安全风险防范第二步回归结果

解释变量	模型 1	模型 6①	模型 7	模型 8②
	系数	系数	系数	系数
纵向一体化	−0.91*** (0.328)	−0.41 (0.914)		
规模	0.11 (0.314)	0.12 (0.318)	0.15 (0.367)	0.23 (0.486)
经营年限	−0.06** (0.031)	−0.07** (0.031)	−0.05 (0.036)	−0.29** (0.115)
差异化效应	0.37 (0.287)	0.65 (0.453)	1.40** (0.622)	1.17 (0.843)
合作社	−0.52 (0.384)	−0.44 (0.394)	−0.17 (0.523)	
品牌	−0.85*** (0.311)	−0.90*** (0.312)	−0.84** (0.407)	−1.44*** (0.461)
政府抽检频次	0.02* (0.011)	0.02* (0.011)	0.029** (0.013)	0.02 (0.101)
质量安全管理体系	0.52 (0.469)	0.51 (0.478)	0.62 (0.567)	
国家标准	−0.54* (0.288)	−0.54* (0.293)	−0.52 (0.394)	−1.51* (0.802)
质量安全培训	−0.07 (0.286)	−0.08 (0.291)	0.24 (0.361)	−1.75* (1.020)
自选择纠正（λ）		−0.40 (0.562)	22.54** (11.016)	−40.84 (27.686)

（续）

解释变量	模型 1	模型 6[①]	模型 7	模型 8[②]
	系数	系数	系数	系数
错配		0.73 (0.748)	38.53** (17.621)	62.49 (43.174)
常数项	0.26 (0.591)	−0.35 (0.852)	−1.35 (1.116)	3.67* (2.044)
Log pseudo-likelihood	−50.83	−50.21	−33.30	−8.40
Pseudo R^2	0.21	0.22	0.27	0.44
Wald χ^2 (10)[①]	29.63	29.37	18.20	28.33
Prob>chi2	0.001 0	0.003 5	0.077 0	0.000 8
Number of observations	150	150	87	63

数据来源：调查数据。

注：括号内的是稳健标准误。***、**、*分别表示1%、5%、10%的显著性水平。①对于模型6，自由度是12，因此是 χ^2（12）；模型7是 χ^2（11）；模型8是 χ^2（9）。②在模型8中，这12家企业（合作社）进行了质量安全认证且没有出现过质量安全问题，因此不能放入到模型中进行估计。农民专业合作社也是同样原因。

在此基础上，使用无限制估计依次分别放松对模型6的假设程度。即分别放松对纵向一体化（模型7）和外购（模型8）的假设限定。根据之前的讨论，在纵向一体化的组织模式与外购模式选择中，β_λ 的限制情况是处理方程存在的主要缺陷，它导致 β_λ 难以给出合理、有效解释。此外，从显著性水平来看，β_λ 与纵向一体化均不显著，表明自选择问题是存在的（Shaver，1988）。

模型7和模型8回归结果给出了关于茶叶加工企业是否存在自选择过程的判断及说明（不限制 β_λ），并进行了解释。模型7回归结果表明，当企业选择外购时，自选择偏误系数为正，且在5%的水平上显著。此外，错配项系数为正，显著性水平达到5%。一定程度上说明，当面临较大的质量安全风险时，依旧选择外购茶青的企业发生违规行为的概率也会更高。模型8回归结果在进一步放松限制后发现，β_λ 和错配系数均在统计上不显著，表明纵向一体化虽有可能会引起其他方面的消极影响，但不会对质量安全风险防范产生负面影响。

此外，根据模型8回归结果还发现，质量安全培训可以有效抑制企业质量安全违规风险，统计显著性为10%。同时发现，没有出现违规行为的企业（即通过质量安全管理体系认证的企业）被排除在模型外，也说明HACCP认证体系能够有效提升企业（合作社）质量安全风险防范效果。

3.4 本章小结

纵向一体化是协调和激励产业链上下游各经营主体加强食用农产品质量安全治理的重要产业组织形式。本章以茶产业为例，结合其经济特性、均衡条件下的质量安全管理水平、企业交易属性等影响因素，重点探究茶叶加工企业纵向一体化如何影响其食用农产品质量安全管理绩效及风险防控水平。利用对茶叶企业的实地调查数据，检验了一体化对企业提升质量安全管理水平与风险控制能力的影响及逻辑机制。相关结论为下一章揭示市场结构变化与食用农产品质量安全管理绩效之间的内在作用机制奠定重要的逻辑基础。同时，为政府制定相关激励与约束政策提供科学依据与决策参考。

根据实证分析的结果，纵向一体化组织模式对于优化市场结构，提升经营主体质量安全风险防范效果，具有显著正向作用。纵向一体化提高了农业经营主体的规模化水平，提升了市场集中度，推动了产业集聚。同时，通过实现农业产业链整合，位于中游的茶叶加工企业能够更好地控制原料来源，确保最终产品的质量及稳定性，在市场上赢得更大的竞争优势。一些大型农产品加工企业通过兼并收购等方式，逐步扩大市场份额，在提高经营实力的同时，不断加强先进质量管理体系的建设以及先进质量安全认证体系的引入与推广，将质量安全管理及风险防控的视野从企业内部拓展到农产品供应链全程，有效提高供应链食用农产品质量安全治理水平。

第 4 章　市场结构与食用农产品质量安全：内在作用机制

人口规模、社会经济发展水平以及居民食物消费特点，使中国成为世界上主要食用农产品的最大生产国与消费国。以猪肉为例，中国目前是世界上最大的肉类消费国和生产国，其中猪肉消费量占国内肉类消费量的 60%，占全球猪肉消费总量的一半（Larsen，2012）。中国的猪肉产量从 2005 年的 5 000 万吨增至 2021 年的 5 600 万吨，占中国肉类总产量的六成以上，占全球猪肉产量的近五成（美国农业部对外农业服务局，2017）。尽管近年来中国猪肉净进口量以每年 80%的速度大幅增长，但占消费量的比重相对较小，大部分仍依赖国内生产。因此，以猪肉为例讨论农业产业市场结构变化对食用农产品质量安全治理的影响，具有典型代表性，对促进农业产业可持续发展、加强政府对农业及食品产业的宏观调控等，具有重要政策指导意义。

4.1　市场结构与食用农产品质量安全研究——以猪肉产业为例

首先，根据已获取的中国畜牧业与肉类加工行业数据，以及相关政策制定及调整情况的文献资料，对中国猪肉行业市场整体发展状况进行归纳与总结。其中，猪肉产量与市场价格数据主要来自 2015—2022 年《中国畜牧兽医年鉴》以及农业农村部相关统计数据。猪肉行业市场结构状况主要基于中国工业和信息化部数据，以及排名前四的上市公司年报数据测算结果。其次，利用国家食品药品监督管理总局（现市场监管总局）公布的食品抽检数据，概述中国肉类产品质量安全状况。此外，还补充了各级地方政府公布的食品抽检结果，收集整理了中央与除西藏外 30 个省、自治区、直辖市公布的共计 105 262 个批次的猪肉抽检数据。样本为各级监管机构从猪肉供应链加工、流通与餐饮环节的经营主体中随机抽取。

4.1.1 中国猪肉行业市场发展状况

在中国众多食用农产品种类中，生猪养殖及猪肉加工业率先步入了市场化发展轨道。从1979年《中共中央关于加快农业发展若干问题的决定》提出“大力发展畜牧业，提高畜牧业在农业中的比重”，到1985年1月中共中央、国务院发布的《关于进一步活跃农村经济的十项政策》中决定取消生猪派养派购、实行自由上市，再到1998年出台的《关于加快畜牧业发展的意见》中突出强调加快养殖方式转变、提高畜产品质量安全水平，中国生猪产能大幅提升。为应对长期以来存在的产业发展质量效益不高、支持保障体系不健全、抵御风险能力偏弱等突出问题，2019年国务院印发《关于稳定生猪生产促进转型升级的意见》和《关于促进畜牧业高质量发展的意见》，强调实现生猪养殖高效、绿色和稳定的高质量发展。在过去四十多年的发展中，中国猪肉产业及生猪养殖业开始聚焦转型升级，迈向追求高质量发展的新阶段。在此过程中，大型猪肉加工及养殖企业不断涌现并迅速成长，行业集中度持续提高。

与此同时，猪肉、生猪和生猪胴体等处于不同加工阶段的猪肉产品价格基本实现市场化，有效避免了生猪价格的异常波动，确保了民生供给的稳定。政府战略储备猪肉也从政府管制逐步转向市场化。根据图4-1的统计结果，2014—2021年，中国猪肉价格（包括生猪平均收购价格、白条肉平均出厂价格等）呈现平稳波动趋势。根据《中国畜牧兽医年鉴》（2021）的分析，受非洲猪瘟、新冠疫情等原因导致的生猪屠宰量大幅下降的影响，2020年度全国猪肉价格出现高位震荡。2021年猪肉价格基本回落到历年平均水平。总体上看，生猪平均收购价格从2014年的14.18元/千克上涨到2021年的21.42元/千克，白条肉平均出厂价格由2014年的18.85元/千克上涨到2021年的28元/千克，整体呈稳定上涨趋势，两个价格的涨幅分别为50%和49%。

从猪肉生产成本结构来看，生猪成本所占比重最高。本研究实地考察了中国排名前十中的三家猪肉加工企业，发现生猪成本占猪肉生产成本的60%～90%。其他费用包括检查费、水电费、人工费等。研究还发现，根据国家生猪屠宰和肉类加工标准（GB 12694—2016）以及食品安全标准（GB 14881—2013），在农产品质量安全监管中，政府对大型食用农产品加工企业

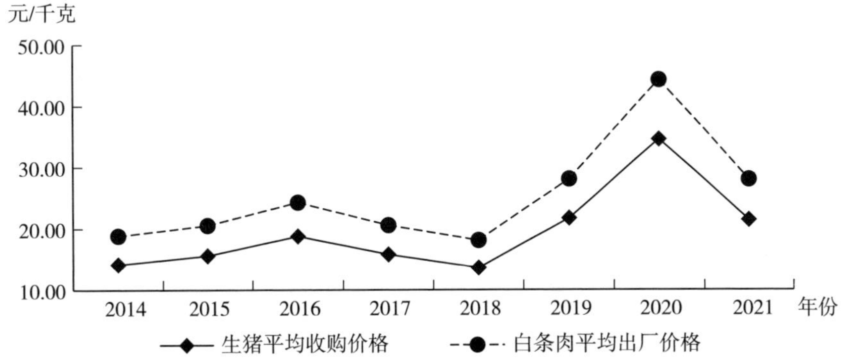

图 4-1　2014—2021 年中国猪肉价格月度数据

资料来源：《中国畜牧兽医年鉴》，2015—2022 年。

在产品标准和质量安全管理等方面，提出了更为严苛的规定和要求，这导致猪肉加工成本显著增加。例如，对大企业生猪检测的不豁免政策使每头猪的检验成本在考查年份增加了 12 元。

4.1.2　中国猪肉市场结构

随着中国食用农产品加工率的持续提升，猪肉加工企业在推动产业发展和防范食品安全风险方面发挥着越来越重要的作用。中国猪肉行业整体供应链运营规模的不断扩大，使得市场结构快速变化。同时，国家食品安全相关标准对猪肉加工企业涉及食品质量安全的要求也愈加严格，如《食品安全国家标准　畜禽屠宰和加工卫生规范》（GB 12694—2016）提出，大型牲畜屠宰和加工企业（政府定义年销售额超过 500 万元），被要求严格遵守政府制定的食品质量安全法律法规。

研究重点考察了中国猪肉供应链的三个主要环节：上游生猪养殖、中游屠宰和加工，以及下游销售（图 4-2）。其中，上游和中游的主要参与者或经营主体包括：生猪养殖户或生产者、生鲜猪肉初级加工商以及肉制品二级加工商。生猪是猪肉加工环节的主要原料，屠宰切割后的生鲜猪肉或猪肉加工品在农贸市场或超市作为商品直接销售给顾客。与多样化的加工肉制品相比，生鲜猪肉具有高度同质性。统计数据显示，2022 年猪肉产量占中国肉类产量的 58%（联合国粮农组织，2023），生鲜猪肉占中国猪肉市场销售份额的 80%。

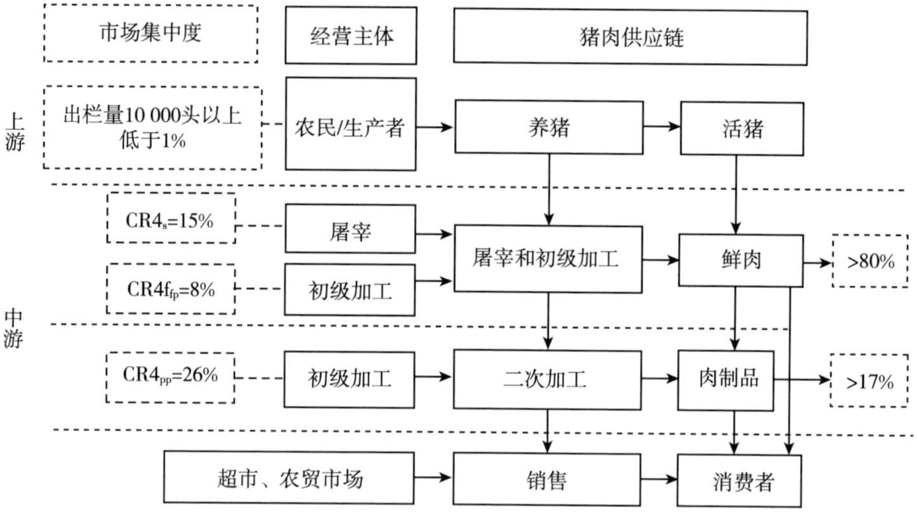

图 4－2 中国猪肉供应链及产业结构

资料来源：基于工信部（2012 年）和中国猪肉上市公司年报，测算了中国猪肉行业的肉类市场占有率。

注：①$CR4_s$、$CR4_{fp}$、$CR4_{pp}$分别是万洲国际、雨润、大众、众品四大肉类加工企业生猪屠宰数量、供应鲜肉数量和肉制品数量的市场占有率（市场集中度）；②鲜肉是指经过切片、切丁、去骨、冷冻等初加工的肉类；③肉制品是指除切片、切丁、去骨、冷冻外，经过二次加工的肉类。

近年来，中国猪肉产业正快速摆脱由非洲猪瘟和新冠疫情带来的影响，猪肉消费量稳步提升。2022 年中国猪肉消费量位居世界第一位，其中生鲜猪肉主导着中国猪肉消费市场。受消费习惯的影响，仍以热鲜肉为主，占消费量的 70%，而更营养、健康的冷鲜肉只占消费量的 10%。然而，随着人们生活水平的提高，消费者不仅更加注重食品的营养与安全，也增加了对蛋白质含量更高的禽肉、水产品的消费比重，对我国猪肉产业发展在质量安全及可持续发展方面提出了更高的要求。

近年来，猪肉行业的市场结构变化重塑了中国猪肉产业，特别是猪肉加工企业规模不断扩大。在政府政策的推动下，猪肉行业市场集中程度不断提高，也加速了市场结构的变化。例如，自 1998 年以来，中国政府大力扶持龙头企业和龙头型企业，极大促进了猪肉加工企业规模的扩张（Schneider，2017）。但在生猪养殖环节，规模化扩张遇到了许多挑战。饲料价格等生产成本快速上升、土地使用限制以及更严格的环保法规等，都制约着生猪养殖业规模化、集约化发展。根据最新《中国畜牧兽医年鉴》（2022）统计结果显示，2021年中国生猪规模饲养场（户）共计约2 010万个，年出栏生猪数量不足50头的饲养场（户）所占比重高达93.5%，年出栏生猪过万头的规模化饲养场（户）仅有5 703户，所占比重不足0.1%。中国作为猪肉生产大国，猪肉进口量也位居世界前列。根据农业农村部（2022）统计数据显示，2022年中国猪肉进口量达到175.79万吨，按照人均消费猪肉量26.9千克计算，2022年猪肉进口数量约占总消费量的5%。

猪肉供应链中游环节（加工与屠宰）在供应链各环节中集中程度最高。根据农业农村部（2022）相关统计数据进行核算，规模以上生猪定点屠宰企业的屠宰量占总屠宰量的40.8%。中国的前四大屠宰企业同时也是肉类加工业的头部企业。此外，中国的许多大型肉类加工厂倾向于通过垂直整合与协作，参与上下游业务。例如，万洲国际（或双汇）收购了全球最大生猪生产商之一的美国史密斯菲尔德集团（Smithfield Group）。在猪肉行业，排前四的大型肉制品加工企业，即万洲国际、雨润、大众和众品的生猪总屠宰量（$CR4_s$）、鲜肉（$CR4_{fp}$）和肉制品（$CR4_{pp}$）的集中度（CR）分别为15%、8%和26%（工信部，2012）。尽管中国肉类行业市场集中度仍显著低于美国生猪屠宰场和肉类加工商的市场集中度（66%）（美国农业部，2016），但呈加速上升的趋势。

4.1.3　中国猪肉行业的食品质量安全

上述猪肉行业市场结构的显著变化，究竟对猪肉行业食品质量安全产生怎样的影响？要回答这个问题，首先需要了解中国猪肉行业食品质量安全现状。促进猪肉产业现代化的政策目标之一是提高食品质量安全，同时更有效保护环境。然而，尽管猪肉行业蓬勃发展，但食品质量安全水平仍亟待提高。肉类食品质量安全问题仍时有发生，每次都会引起媒体和公众极大的关注（Haft，2015）。如近年来一些大型肉类企业被检测出违规使用“瘦肉精”事件。为分析猪肉市场结构变化与猪肉质量安全之间的逻辑关系，研究利用前期收集的猪肉加工企业数据，检验了市场势力等因素对猪肉企业食品质量安全管理及风险控制效果的影响。鉴于鲜肉行业在中国猪肉消费、市场结构和供应链中的重要性，本研究将重点放在生鲜猪肉行业。

基于2015—2021年从中国食品药品监督管理局（现市场监管局）收集

的 105 262 批次猪肉抽检数据，本节分析了生鲜猪肉行业面临的主要食品质量安全风险因素。在收集的 105 262 批次猪肉抽检数据中，共发现食品质量安全抽检不合格事件 709 起，平均发生率为 0.7%。参考中国国家标准（GB）和《食品安全法》（2015）第二十六条的规定，并结合实际抽检情况，将与生鲜猪肉相关的主要质量安全风险因素分为六大类 30 多个指标（表 4-1）。这些风险因素均受到政府相关法律法规的严格约束，违规者将受到相应程度的刑事处罚及民事赔偿（Wang 等，2019；Eisenberg 等，2010），具体赔偿金额为商品价值的 5～30 倍不等。根据 2015 年《食品安全法》第 122～129 条，造成消费者健康严重损害或死亡的，甚至会被提起刑事诉讼。例如 2014 年中国最大的猪肉加工商和供应商之一 OSI 福喜集团因销售过期肉类产品被罚款 360 万美元，成为近十年来该公司受到的最大处罚之一（Chan，2016）。

表 4-1　中国猪肉食品风险因素及主要不合格指标

目录	比重	风险或其他不合格指标[①]	责任界定[②]
C1. 过量细菌	1%	菌落形成单位（CFU）；最大可能数（MPN）；金黄色葡萄球菌；沙门氏菌；单核细胞增生李斯特菌等	重大违规行为
C2. 滥用药物	90%	沙丁胺醇；盐酸克伦特罗和莱克多巴胺；呋喃唑酮（AOZ）；西马特罗；氟苯尼考；氯丙嗪；氯霉素；恩诺沙星；土霉素（OTC）等	重大违规行为
C3. 重金属和有毒	4%	铅（Pb）；镉（Cd）；砷（As）；铬（Cr）；铝（Al）；汞（Hg）；苯和芘等	重大违规行为
C4. 损耗	1%	总挥发性碱性氮（TVB-N）等	轻微违规
C5. 质量	4%	含水量等	轻微违规
C6. 其他	0%	包装标签不当或不合格等	轻微违规

资料来源：2015—2021 年中国食品药品监督管理局（现市场监管局）食品抽检数据整理而得。

注：①依据《食品安全法》（2015 年）规定的肉制品质量安全标准。②参考《食品安全法》（2015 年）第九章“法律责任”中的责任界定。轻微违规的处罚金额为货值 10 倍以内；重大违规的处罚金额为货值 10 倍以上至 30 倍以下。

中国生鲜猪肉行业的食品安全风险因素（C1 至 C6）按严重程度和相应的责任在表 4-1 中依次列出。第二类食品风险因素为滥用药物（C2），约占猪肉抽检不合格总量的 90%，其他五个风险因素类型合计占比为 10%。类别C1至C3被指为重大违规行为，占总违规行为的95%，而类别C4至C6被视为轻微违规行为，仅占5%。虽然抽检数据中总体违规比重较低，但违规案例多数为重大违规行为，值得高度重视。根据2015年《食品安全法》，轻微违法行为的惩罚性赔偿最高可达食品安全违法所得的十倍，而重大违法行为的惩罚性赔偿则为违法所得的10～30倍。按照《食品安全法》的强制性规定，企业在食品生产过程中必须严格控制各种潜在的食品质量安全风险因素，承担确保食品质量安全的法律责任。

4.2　食用农产品产业市场势力的测量——基于推测变差法（CV法）

《食品安全法》对食品加工企业规定了严格的食品质量安全责任，要求企业完全承担因食品质量安全问题造成的损失（L）。假设食用农产品质量安全事件给消费者造成的经济损失为$L(q, k)$，其中q为产出数量，k为风险防范水平。则企业的利润函数为：

$$\prod(q,k) = pq - c(q,k) - L(q,k) \tag{1}$$

式中，$\prod$为企业利润，C为生产成本，L为食品质量安全事件的预期损失。企业将选择产量或数量（q）和风险控制水平（k）来实现利润最大化。公司的收入（pq）由产量（q）和价格（p）确定。假设生产成本（C）在企业所采取的数量（q）与风险控制水平（k）上呈递增凸性。假设可能发生的食品质量安全事件所造成的损失在数量（q）上呈递增凸性，在风险控制水平（k）上呈递减凸性。忽视可能存在的食品质量安全风险虽然可能暂时降低企业的风险控制成本，提高短期利润，但也可能因此降低企业质量安全风险防范效果，并增大因抽检不合格等违法行为被政府处罚的概率。在竞争性市场中，利润最大化可以通过求解式（1）的一阶条件（FOC）来实现。即：

$$p - C_q(q,k) - C_q(q,k) = 0 \tag{2}$$

和

$$C_k(q,k) + L_k(q,k) = 0 \tag{3}$$

随着供应链的快速转型升级，规模经济对中国猪肉市场产生了重大影响。近年来，由于企业规模的扩张，以及严格的市场准入规定（如FDA自

2015年起实施的“质量安全认证食品市场准入”）提高了进入壁垒，猪肉加工行业市场集中度快速上升。基于这些观察，猪肉企业的市场势力可能会影响价格（p）。

如前所述，《食品安全法》明确规定生产过程中出现食品质量安全问题造成的损失，完全由生产商承担相应赔偿和补偿责任。除消费者损失（L）外，依据相关法律条款的规定，企业还将受到与非法所得成比例的惩罚性损害赔偿（V），最高可达非法所得的30倍。政府要求的惩罚性损害赔偿（V）计算为$V=vL(q,k)$，其中v为食品质量安全违法行为的惩罚性损害赔偿率。因此，企业食品质量安全违规的总损失为：

$$L^v=L(q,k)+V=L(q,k)(1+v) \tag{4}$$

假设违规企业的总损失（L^v）不超过企业提供赔偿的能力（最大损失），则（L^v）不超过企业的总资产。所以，企业利润函数调整为：

$$\prod{}^v(q,k)=pq-C(q,k)-L(q,k)(1+v) \tag{5}$$

利润最大化相对于数量（q）的FOC为：

$$\frac{\partial[p(Q)q]}{\partial q}-C_q(q,k)-L_q(q,k)(1+v)=0 \tag{6}$$

其中，Q是行业总产出数量。整理式（30）得到：

$$C_q(q,k)+L_q(q,k)(1+v)=p+\partial p\varnothing q/\partial Q \tag{7}$$

其中，$\varnothing$为推测变差（Conjecture Variation，CV）。决定风险控制水平（k）的FOC为：

$$C_k(q,k)+L_k(q,k)(1+v)=0 \tag{8}$$

学术界普遍认可利用推测变差（$\varnothing$）来反映企业的市场势力大小，其中$\varnothing\in[0,1]$。如果$\varnothing=0$，市场具有完全竞争性，不存在市场势力；如果$\varnothing=1$，表示市场为完全垄断市场，0～1表示不同程度的寡头垄断。尽管存在一定局限性并受争议（Makowski，1987），CV仍然是一种实用的工具。例如，用于测量市场竞争程度（Cabral，1995）。基于式（7）和式（8）中FOC确定的解决方案，在存在市场势力的情况下，探讨如何实现最优产出数量和食品质量安全水平（或最有效的风险控制水平）。这一最优解区别于基于式（2）和式（3）获得的完全竞争市场最优解。

值得注意的是，惩罚性损害（V）的影响，即式（7）和式（8）左侧最后一项的描述，可能会改变公司的食品质量安全风险防范行为。

由于假设惩罚性损害不超过企业总资产，意味着企业不会因承担食品质量安全责任被暂停或申请破产。因此，由式（31）的 *FOC* 导出最优解为：

$$L_q(q,k)(1+v)=p\left(1+\frac{\varnothing}{\varepsilon}\right)-C_q(q,k)=p(1-LI)-C_q(q,k) \quad (9)$$

式中，$\varepsilon<0$ 为需求弹性。$LI=[p-C_q(q,k)]/p$ 为勒纳指数，其中 $LI\in[0,1)$，这是生鲜猪肉价格在边际成本上的加成。如果 $LI=0$，则表示企业没有市场势力；如果 $LI>0$，则表示存在市场势力。由式（9）可知，LI 与 $L_q(q,k)$ 呈负相关。$L_q(q,k)$ 为食品质量安全事件的边际损失。在其他条件不变的情况下，当市场势力越大（LI 值越大）时，食品质量安全事件的边际损失 $L_q(q,k)$ 会越低。

在有限责任和企业风险控制成本相对于数量的凸性假设下，可以推测企业会采取减少产品销售量的方式来降低其责任，而不是通过提高质量安全风险控制水平来生产更安全的产品。食品质量安全事件发生后，损失的大小可以观察到，但在实践中很难预测违规概率（Spulber，1989）。因此，实证分析部分将以中国猪肉行业为例，进一步检验企业食品质量安全违规概率及其主要决定因素，进而判断企业市场势力的提高对食用农产品质量安全的影响。基于此，提出假设：随着企业市场势力的提高，猪肉企业更有动力加强食品质量安全管理及风险控制，提高猪肉质量安全管理及风险防范效果，降低违规概率及违规程度。

4.3　市场势力对食用农产品质量安全影响的实证分析

4.3.1　数据来源

为检验企业市场势力的提高对食用农产品质量安全的影响，研究使用了课题组前期收集的企业调查数据。数据来自 2016 年 4—8 月以及 2017 年 12 月，对河南、江苏、上海、广东、陕西、四川和贵州等七省 200 多家猪肉企业开展的实地调查。此次调查得到各地监管职能部门的大力支持与协作。调查共回收问卷 185 份，回收率为 92.5%。所有被调查企业均获得中国食品药品监督管理局颁发的食品生产许可证（SC 认证），部分企业同时取得《生猪定点屠宰许可证》。调查主要收集了猪肉企业经营情况、食品质量安全管理情况、与供应链上下游合作程度以及与政府监管部门合作关系等信息。特别关注了猪肉企业食品质量安全风险防范行为，及其与上游供应商和下游销售商为防范食品质量安全风险采取的合作方式。

由于食品质量安全信息存在一定敏感性，部分企业没有完成问卷中的食品质量安全与惩罚性赔偿部分，最终获得 159 份信息完整的有效问卷。调查样本中包含中国排名前十的三家生鲜猪肉企业。与本研究相似，Bai 等（2007）考察了中国 27 家食品加工企业，以分析 HACCP 体系在中国的实践情况。Tomašević等（2013）对塞尔维亚 77 家肉类生产商开展了一项关于肉类行业实施食品安全管理系统的激励措施、困难、成本以及效果的调查。鉴于中国消费者 80%左右的猪肉消费仍以鲜肉消费为主，本书收集的数据具有典型性、代表性以及政策指导意义。调查获得的数据用于识别生鲜猪肉行业的市场势力，分析其对猪肉企业食品质量安全风险防范行为的影响，并检验其显著性。

表 4-2 描述了回归模型中所使用的主要变量（PSP）。被调查猪肉企业的平均资产为 3.9 亿元，其中 21%的企业资产规模在 1 亿元以上，8%的企业资产规模在 5 000 万至 1 亿元。在受访的 159 家企业中，68%位于中国西部，27%已通过 HACCP 和 ISO22000 体系认证，83%已实施危机管理体系。此外，只有 7.5%的企业生产通过了绿色或有机食品认证，51%的企业执行国家产品标准，21%的企业执行行业产品标准。行业标准与企业标准都是自愿性标准，其中一些标准指标甚至比法律要求的国家强制性标准更加严格，可以反映企业产品的标准化水平。企业内部对产品的年平均检测频率为 107 次，20%～25%的企业已经建立了可追溯系统。在接受调查的企业中，88%的企业同时生产生鲜猪肉与肉制品。

2015 年，中国猪肉的平均市场价格为 26 元/千克，平均可变成本为 21 元/千克。总体而言，2015 年 67%的被调查猪肉企业存在食品质量安全违规行为，其中 74%为严重违规行为。本书使用虚拟变量而不是实际违规数量作为被解释变量，以便将违规视为质量安全问题而不是数量问题。根据《食品安全法》的规定，企业产品一旦被确定存在质量安全问题，不仅要求召回问题产品，还会导致企业声誉受损，并被政府加大抽检频次。从政策角度理解，体现了政府对食品质量安全违规行为的零容忍政策。基于这一政策，需

表 4-2 相关数据描述性统计

变量	变量描述	观测值	样本平均值	标准差	最小值	最大值
2015 年公司规模（大型）	资产超过 1 亿元（含）	159	0.21 (33)	0.407	0	1
2015 年公司规模（中型）	资产在 5 000 万至 1 亿元（不含）	159	0.08 (13)	0.265	0	1
位置区域（D）	1=西部地区，0=东部地区	159	0.68	0.468	0	1
风控系统（D）	1=HACCP、ISO9000 或 ISO22000	159	0.27	0.446	0	1
危机管理系统（D）	1=危机管理系统	159	0.83	0.377	0	1
内部抽检频率	2015 年内部抽检频率（数量）	157	107	780.910	0	9 720
产品证书（D）	1=被认证为有机或绿色肉类	159	0.08	0.265	0	1
行业标准（D）	1=实施行业标准	159	0.21	0.411	0	1
国家标准（D）	1=执行国家标准（GB）	159	0.51	0.501	0	1
原材料的可追溯性	1=可追溯到原材料供应商	159	0.21	0.407	0	1
产品的可追溯性	1=可追溯到产品销售商	159	0.27	0.446	0	1
产品范围（D）	1=同时生产加工肉制品	159	0.88	0.318	0	1
2015 年市场价格	元/千克	159	26	0.866	23	27
2015 年平均可变成本	元/千克	159	21	5.080	10	27
CM 指数		159	0.19	0.183	0	0.63
2015 年是否违反食品安全法（D）	0=否；1=是	159	0.67	0.471	0	1
违反食品安全法的程度	0=轻微；1=严重	107	0.74	0.442	0	1

资料来源：基于调查数据的计算和农业农村部公布的 2015 年猪肉价格指数。

注：D 表示虚拟变量。

要回答两个问题：第一，为什么一些猪肉企业违反了食品安全法，而另一些企业没有？即如何降低食品质量安全风险和企业违反食品安全法的概率。第二，如果无法保证零风险，为什么一些企业会严重违规，而另一些企业不会？即如何提高农产品企业食品质量安全管理及风险防范效果。

4.3.2 模型构建

前面模型推导从理论上揭示了市场势力、食品质量安全事件损失与猪肉企业风险防范行为之间的联系。根据理论框架，需要构建实证分析模型框架，以检验提出的研究假说，判断关键影响因素的显著性。在理论模型中，市场势力定义为勒纳指数（Lerner Index，LI），$LI\in[0,1)$。本书分两个阶段检验市场势力对猪肉企业风险防范行为的影响。首先，分析哪些因素决定违规的可能性或概率（G_1）。其次，在违规企业中，进一步确定影响违规程度的因素（G_2）。根据惩罚性赔偿比率，将违法程度分为轻微违法行为（惩罚性赔偿为违法所得的10倍）和严重违法行为（违法所得的10～30倍）两类。食品质量安全治理水平的提升，体现为猪肉企业食品安全违规概率的降低，以及重大违规概率（即违规程度）的下降。将违规概率和重大违规概率的潜变量定义为：

$$G_{1i}^{*}=\alpha_1 LI_{1i}+\alpha_2 A_{1i}+\alpha_3 K_{1i}+\alpha_4 F_{1i}+\varepsilon_{1i} \tag{10}$$

$$G_{2i}^{*}=\beta_1 LI_{2i}+\beta_2 A_{2i}+\beta_3 K_{2i}+\beta_4 F_{2i}+\varepsilon_{2i} \tag{11}$$

式中，ε_i 为误差，$i=1\cdots159$。G_{1i}^{*} 和 G_{2i}^{*} 分别是违规概率和违规程度的潜变量，其他变量定义见表4-2。使用2015年猪肉加工企业抽检结果判断食品质量安全是否存在违规行为。根据公式（10），将159个样本纳入回归模型中。当存在违规行为时，$G_{1i}=1$，否则 $G_{1i}=0$。在公式（11）中，为进一步分析影响违规程度的因素，只纳入违规企业。如果企业严重违规，则 $G_{2i}=1$，否则 $G_{2i}=0$。由于模型中的违规概率和违规程度（G）均为二元变量，因此用Probit模型建模，对猪肉加工企业食品质量安全违规行为进行实证分析。模型基本形式为：

$$G_{1i}=1 \quad \text{if} \quad (G_{1i}^{*}>0)；否则\ G_{1i}=0 \tag{12}$$

$$G_{2i}=1 \quad \text{if} \quad (G_{2i}^{*}>0)；否则\ G_{2i}=1 \tag{13}$$

根据公式（10）～公式（13），Probit模型整理为（Wooldridge，2010）：

$$\begin{aligned}\text{Prob}(G_{1i}=1)&=\text{prob}[\varepsilon_{1i}>-(\alpha_1 LI_{1i}+\alpha_2 A_{1i}+\alpha_3 K_{1i}+\alpha_4 F_{1i})]\\&=1-\Phi[-(\alpha_1 LI_{1i}+\alpha_2 A_{1i}+\alpha_3 K_{1i}+\alpha_4 F_{1i})]\end{aligned}\tag{14}$$

$$\begin{aligned}\text{Prob}(G_{2i}=1)&=\text{prob}[\varepsilon_{2i}>-(\beta_1 LI_{2i}+\beta_2 A_{2i}+\beta_3 K_{2i}+\beta_4 F_{2i})]\\&=1-\Phi[-(\beta_1 LI_{2i}+\beta_2 A_{2i}+\beta_3 K_{2i}+\beta_4 F_{2i})]\end{aligned}\tag{15}$$

式中，$\Phi(\cdot)$ 为正态分布的累积概率函数。

基于商业隐私等原因无法获得企业成本函数，导致边际成本（*MC*）数据难以获得。平均可变成本（*AVC*）可以作为可容忍的 *MC* 替代（White，2012）。因此，定义边际贡献（Contribution Margin，*CM*）为 $CM=(p-AVC)/p$，用以替代 LI。A 是基于总资产反映企业规模，衡量企业承担食品质量安全事件责任的能力。K 代表公司的风险控制措施，包括是否通过HACCP或ISO管理标准体系（ISO22000）认证、食品安全危机管理的实施、产品认证（绿色或有机产品）、内部食品检测的频率、产品标准化水平（国家标准与行业标准）以及供应链的可追溯性等。F 代表猪肉企业的特征，包括企业的位置（东部地区和西部地区）和产品范围（生鲜猪肉和猪肉制品的生产）。在企业特征变量中，产品范围的影响不显著。进一步的检验结果显示，该变量与违规程度也没有显著相关性。此外，ε 表示误差项。$\alpha_1\sim\alpha_4$ 和 $\beta_1\sim\beta_4$ 为待估计参数，i 为样本企业。

经验模型的构建借鉴了已有文献中对市场势力的研究（Qing 等，2015）。如前所述，生鲜猪肉具备同质化和完全可替代的特征，因此本研究使用CV法衡量市场势力具备合理性。此外，由于市场结构与企业绩效的关系，需要控制企业规模与产品多样性的影响（Jacquemin，1972；Montgomery，1985）。已有研究发现食品质量安全风险防范行为、企业规模与供应链长短之间同时存在积极与消极的联系（Poulior，2011；Rouviere等，2010；Worosz等，2008）。Rouviere（2016）研究认为，市场势力与食品质量安全风险防范行为之间呈倒“U”形关系。然而，产品多样性与食品安全风险防范效果之间的关系仍不确定或存在矛盾（Bass 等，1978；Miller，1969；Rhoades，1973）。换言之，其对食品质量安全与企业风险防范行为的影响仍有待验证。鉴于此，本研究在检验市场势力（*CM* 指数）影响的同时，控制和分析了其他变量（包括企业规模和产品多样性）的影响。

4.3.3 实证分析

数据显示，159 家猪肉加工企业中有 51 家没有出现食品抽检不合格的情况。为了控制样本选择偏差（Heckman，1979），使用 Heckman 两步估计法。假设两个模型估计误差的相关性为 $corr(\varepsilon_{1i}, \varepsilon_{2i})=\rho$，检验 ρ 的显著性可以判断是否存在样本选择偏误。如果 $\rho=0$，统计上不显著时，证明不存在样本选择偏误；当 $\rho\neq 0$，且统计上显著时，证明 Probit 模型估计存在样本选择偏差，Heckman 两步法可以纠正样本选择偏误。回归结果及边际效应见表 4-3。

表 4-3　Probit 模型在选择过程中的回归结果和边际效应

变量	第一步：违规概率		第二步：违规程度	
	系数	边际效应	系数	边际效应
CM 指数	−1.472** (0.600)	−0.502** (0.215)	−0.11 (0.763)	−0.025 (0.173)
公司规模（大型）(*D*)	−0.146 (0.277)	−0.078 (0.106)	0.069 (0.353)	0.015 (0.076)
公司规模（中型）(*D*)	0.251 (0.283)	0.105 (0.119)	−0.800** (0.327)	−0.242** (0.115)
位置区域（1=western）(*D*)	0.324 (0.265)	0.115 (0.096)	−0.55 (0.351)	−0.111* (0.062)
风控系统 (*D*)	0.049 (0.245)	0.052 (0.094)	−0.786** (0.260)	−0.210** (0.076)
危机管理系统 (*D*)	0.228 (0.308)	0.08 (0.116)	−0.165 (0.375)	−0.035 (0.075)
内部抽检频率	0.000 3* (0.000 2)	0.000 1 (0.000 1)	0.000 1 (0.000 1)	0.000 02 (0.000 02)
产品证书 (*D*)	0.615 (0.396)	0.155 (0.119)	−0.325 (0.305)	−0.084 (0.086)
行业标准 (*D*)	0.883** (0.295)	0.262*** (0.068)	−0.576* (0.300)	−0.152* (0.091)
国家标准 (*D*)	0.433** (0.213)	0.152* (0.078)	−0.439* (0.237)	−0.099* (0.052)
原材料的可追溯性	0.109 (0.302)	0.046 (0.099)	−0.105 (0.315)	−0.025 (0.076)

（续）

变量	第一步：违规概率		第二步：违规程度	
	系数	边际效应	系数	边际效应
产品的可追溯性	−0.896** (0.287)	−0.330** (0.104)	0.133 (0.323)	0.029 (0.069)
产品范围（D）	1.337*** (0.364)	0.479*** (0.130)		
常数项	−1.042** (0.482)		2.213*** (0.589)	
ρ			−11.851*** (1.723)	
Log‑likelihood	−79.406		−130.460 4	
Wald χ^2（13）	51.71		334 844.59	
Prob>χ^2	0.000 0		0.000 0	
观测值	157		106	

注：括号内为稳健标准误。***、**、* 分别表示 1%、5%、10%的显著性水平。①产品范围是选择模型中的工具变量。②由选择模型得到的逆米尔斯比（inverse Mills ratio）。③对于虚拟变量（D），dy/dx 代表虚拟变量从 0 到 1 的离散变化。

检验结果表明，两个模型误差之间的相关系数 ρ 显著不为零，显著水平达到 1%，表明存在样本选择偏误。因此，采用 Heckman 两步法估计 Probit 选择模型，可以控制和纠正存在的样本选择偏误，保证第二步关于违规程度估计的有效性。此外，对解释变量之间可能存在的多重共线性进行了检验。检验结果显示，所有解释变量的方差膨胀系数（VIF）远低于 5，没有超过经验法则规定的标准（Kutner 等，2004），排除存在多重共线性的问题。

根据调查区域 2015 年的市场价格，本书基于边际贡献（CM）水平测算了中国生鲜猪肉行业的市场势力。结果显示，中国猪肉加工企业市场势力的平均值为 0.19。可见，中国猪肉行业的市场势力已经形成，对中国猪肉质量安全风险防控水平的影响值得深入探讨。回归结果表明，市场势力对猪肉企业降低违规概率具有显著影响，但对降低违规程度无显著影响。随着企业市场势力的提高，违规概率逐步降低，即发生食品安全事件的可能性降低。这一结论对分析与预见其他农业产业市场结构变化对产品质量安全的影响，具有重要指导与借鉴意义。

企业规模、产品范围、企业所在地区等因素，也表现出对猪肉加工企业质量安全违规概率与违规程度具有显著影响。随着猪肉企业向中等规模（资产在5 000万～1亿元）扩张，违规概率和违规程度都会显著降低，显著性水平达到5%；但随着猪肉企业进一步扩大规模，统计上的显著性关系消失，影响方向也发生改变。Rouviere（2016）研究认为，中型企业在食品质量安全风险防控方面的投资超过了小型与超大型企业。产品范围对违规概率有正向影响，意味着同时生产生鲜猪肉与猪肉加工产品的企业，违规概率会显著提升，显著性水平为1%。企业质量安全管理水平、风险控制程度等变量也呈现出显著影响。正如预期，提高产品可追溯性显著降低了企业质量安全违规概率，特别是随着对供应链下游产品追溯能力的提高；企业主动履行行业标准或国家标准，都会显著降低企业食品质量安全违规程度，但却不利于违规概率的降低。通过质量管理与风险控制认证体系会降低企业食品质量安全违规程度。与东部地区的加工企业相比，西部地区的猪肉加工企业发生严重违规行为的可能性会降低。

边际效应分析结果显示（表4-3），在第一步违规概率模型中，市场势力（*CM*指标值）每增加1个百分点，违规概率下降0.50个百分点，显著性水平达到5%，即市场势力的提高对提升企业食品质量安全治理水平有显著促进作用，证明了提出的研究假说。随着产品经营范围的扩大，同时生产鲜肉与加工肉的企业，质量安全控制难度加大，发生食品安全违规行为的概率增加48%；而实现对供应链下游产品质量安全可追溯的企业，违规概率降低33%。在第二步违规程度模型中，中型企业发生严重违规的概率比小型企业降低24%。如果企业通过了质量管理和风险控制认证体系（HACCP或ISO22000），其发生重大违规的概率将降低21%。根据企业标准执行情况，执行行业标准和国家标准的猪肉企业，发生重大违规行为的概率分别降低15.2%和9.9%；位于西部地区的猪肉加工企业，发生重大食品安全违规行为的概率降低了11.1%。

4.4 食用农产品质量安全与产品差异化：品牌建设的作用机制

根据以上分析，市场势力的提升对降低企业食品质量安全违规概率具有显著影响，违规概率的降低反映了企业在食品抽检中不合格情况减少。可见，食用农产品质量安全治理水平随着农业及食品行业市场集中度的提高而得到了提升。在食用农产品市场结构的变化中，除了供给环节发生着显著变化，需求环节也在发生显著变化，主要表现为消费者对农产品品质安全提出更高要求，即农产品消费升级。消费升级推动了农业及食品产业结构升级，为提升食用农产品质量安全治理水平提供了基本动力。通过研究消费者对农产品质量安全的认知，主要回答以下问题：质量安全属性是否以及如何影响消费者购买食用农产品的行为？对推动高质量农产品品牌建设产生怎样的影响？为回答以上问题，本节深入探讨了消费者对高质量农产品品牌认知及购买溢价情况。利用消费者问卷调查数据，检验了消费者农产品质量安全认知对其品牌农产品购买行为及溢价水平的影响。进而从保障和促进需求升级的角度，对加速食用农产品品牌化建设步伐，全面提升食用农产品质量安全治理水平，提出相应对策建议。

农业品牌化是提升农产品质量安全治理水平，提高农业市场竞争力的重要途径。全面认识和了解消费者对高质量农产品品牌的认知及溢价水平，对合理引导农业品牌化发展，加快农业现代化、市场化建设步伐具有重要作用。基于 2022 年 1—3 月通过问卷星调查平台（www.wjx.cn）对全国主要城市消费者开展的线上调查，分析了目前中国消费者对农产品品牌认知情况、购买行为及溢价水平等。为了保证数据代表性，调查地区选取了全国除西藏、台湾地区外主要省会城市，在超市、社区等随机邀请消费者和居民扫码参与问卷调查。在邀请的 1 396 位消费者中，排除了问卷不完整，单份问卷填写时间不足五分钟的情况，最后获得有效问卷 1 072 份，问卷有效率为 77%。平均每份答卷的回答时间为 13.8 分钟。问卷调查内容包括消费者品牌认知、品牌溢价、品牌信任度以及消费者的个人特征和家庭特征等内容。利用该调查数据，全面了解消费者对农产品品牌的认知、溢价水平，以及消费过程中是否遇到过质量安全问题等情况，进而分析了相互关系及关键影响因素。

4.4.1　消费者对高质量农产品品牌认知概况

（1）消费者对食用农产品企业品牌、区域品牌认知状况

农产品品牌化在促进“三农”发展、加速农业产业乃至食品产业转型升级中发挥着重要的赋能作用（胡晓云，2023）。同时，品牌内涵中高品质价

值的实现，诠释了食用农产品质量安全治理水平提升的过程。根据品牌理论与实践，将农产品品牌主要分为企业自有品牌（Private Brand，PB）与区域公用品牌（Public Share Brand，PSB）两类。前者由企业自主开发并拥有完全自主知识产权，属于私人品；后者为区域运营组织（含行业协会）所有，由其组织授权符合标准的生产经营主体使用，具有准公共品的特征（胡晓云，2023）。区域公用品牌对区域整体产业及产品实现品牌化具有直接影响，有助于实现区域整体共同发展目标，包括提升整个区域食用农产品质量安全治理水平。根据对收集的消费者调查问卷数据的统计分析（表 4 - 4），比较了消费者对粮食类、食用油类、蔬菜类、水果类、茶类、鲜肉类和鲜奶类七大类食用农产品企业品牌与区域公用品牌的认知状况。

表 4 - 4　消费者对七大类食用农产品的企业品牌与区域品牌认知状况

		更熟悉 PB	更熟悉 PSB	都熟悉	都不熟悉
粮食类	人数（个）	292	478	295	7
	比重（%）	27.24	44.59	27.52	0.65
食用油类	人数（个）	868	96	97	11
	比重（%）	80.97	8.96	9.05	1.02
蔬菜类	人数（个）	268	593	195	16
	比重（%）	25.00	55.32	18.19	1.49
水果类	人数（个）	252	612	200	8
	比重（%）	23.51	57.09	18.66	0.74
茶叶类	人数（个）	128	793	146	5
	比重（%）	11.94	73.97	13.62	0.47
鲜肉类	人数（个）	674	231	149	18
	比重（%）	62.87	21.55	13.90	1.68
鲜奶类	人数（个）	917	83	62	10
	比重（%）	85.54	7.74	5.78	0.94

数据来源：课题组调查。

消费者对粮油类产品的品牌认知调查显示，大多数人对粮食类企业和区域品牌都有一定了解，表明消费者对粮食类农产品品牌认知度较高。在 1 072 个有效样本中，有 478 位消费者更熟悉五常大米、余庆大米、常熟大米等粮食类区域品牌，有 292 位消费者更熟悉中粮、北大荒、华润五丰等粮食类企业品牌，同时熟悉粮食类企业品牌和区域品牌的消费者有 295 个，分别占总样本的 45%、27%和 28%。由此可见，同时熟悉粮食类企业品牌和区域品牌的消费者数量较少。相较于粮食类企业品牌，消费者更熟悉粮食类区域品牌；而粮食类企业品牌在消费者中知名度还不高，宣传推广力度仍有待加强。原因可能在于，粮食生产更依赖于产地、气候等区域特征。区域品牌借助其优越的地理位置和独特的生产环境，更有助于宣传推广，凸显其区域优势，更有助于提高消费者认知度。

食用油类产品品牌认知调查显示，在 1 072 个有效样本中，868 位消费者对金龙鱼、鲁花、香满园等食用油类企业品牌认知度更高，占比高达 81%；仅有 96 位消费者熟悉永泰山茶油、宜陵菜油等区域品牌，占比不足 9%。熟悉企业品牌的人数是熟悉区域品牌人数的 9 倍。既熟悉企业品牌又熟悉区域品牌的消费者数量有 97 位，占 9%。可见，消费者对食用油类企业品牌与区域品牌认知程度存在显著差距。原因在于，食用油类企业品牌占据大部分市场份额，如鲁花、金龙鱼等企业品牌，对区域品牌市场份额造成一定挤压。加之宣传力度有限，食用油类农产品区域品牌知名度远不如企业品牌。

蔬菜类产品品牌认知调查显示，在 1 072 位消费者中，268 位消费者更熟悉晨龙蔬菜、乐义蔬菜、绿富隆等企业品牌，有 593 位消费者更熟悉寿光蔬菜、章丘大葱、遵义朝天椒等区域品牌，占比分别为 25%和 55%；同时熟悉两类品牌的消费者有 195 位，比重为 18%。可见，同时熟悉蔬菜类企业品牌和区域品牌的消费者数量较少，消费者对蔬菜类农产品区域品牌的认知度明显高于对企业品牌认知度。与粮食类农产品品牌认知度特征相似，蔬菜种植依赖于产地和生长环境，产品地域属性更强。通过突出地域特征及生长环境优势，更有利于蔬菜类农产品区域品牌宣传推广，有效提升品牌知名度。

水果类产品品牌认知调查显示，参加调查的消费者中，23.51%消费者更熟悉佳农、首杨水果、百果园等水果类企业品牌，57.09%的消费者更熟悉烟台苹果、修文猕猴桃、昭通苹果等水果类区域品牌，18.66%的消费者同时熟悉企业品牌和区域品牌。对水果类企业品牌和区域品牌都比较熟悉的消费者数量较少。相对而言，消费者普遍更了解水果类农产品区域品牌。出现这种品牌认知特点的原因与粮食、蔬菜类农产品类似，皆因水果类农产品具有典型的产地及生产环境特征。

茶叶类产品品牌认知调查显示，有128位消费者更熟悉八马、贵茶、品品香等茶叶类企业品牌，比重为11.94%，有793位消费者更熟悉西湖龙井、贵州绿茶、云南普洱、福鼎白茶等茶叶类区域品牌，比重为73.97%。熟悉茶叶区域品牌的消费者数量是熟悉企业品牌人数的6倍。有146位消费者同时熟悉茶叶类企业品牌和区域品牌，比重为13.62%。仅有5位消费者对茶叶类企业品牌和区域品牌都不熟悉。一方面，说明消费者对茶叶类产品品牌的认知度较高；另一方面，与企业品牌相比，消费者对茶叶区域品牌更为熟悉。原因在于，茶叶种植同样具有明显的地域性特点，加之政府统一规划与宣传推广，大大提高了茶叶区域品牌的知名度、美誉度以及品牌价值，提高了消费者对茶叶类产品区域品牌的熟悉度和认知水平。

鲜肉类产品品牌认知调查显示，62.87%的消费者更熟悉双汇、雨润、正大等肉类企业品牌，21.55%的消费者更熟悉剑河香猪、黔北黑猪等肉类区域品牌。表明消费者更了解肉类企业品牌，肉类企业品牌知名度也较高。由于双汇、雨润等肉类企业产品市场占有率高，广告宣传力度大，提升了品牌的知名度和美誉度；而肉类区域品牌数量小而杂，且市场竞争力较弱，缺乏品牌的统一管理与宣传，市场占有率较低，故消费者对肉类区域品牌了解程度不足。

鲜奶类产品品牌认知调查显示，在1 072个样本中有917位消费者更熟悉蒙牛、伊利、光明、天友等鲜奶企业品牌，仅83位消费者熟悉邓川牛奶、吴忠牛奶等区域品牌；有62位消费者同时熟悉企业品牌和区域品牌，占比分别为85.54%、7.74%和5.78%。以上数据表明，比较鲜奶区域品牌与企业品牌认知度时，熟悉鲜奶企业品牌的消费者是熟悉区域品牌人数的11倍。由于蒙牛、伊利等鲜奶企业市场占有率高、国内知名度大，显著提升了消费者对企业品牌认知程度。

根据上述对七大类食用农产品消费者品牌认知状况的比较分析，发现既不熟悉企业品牌又不熟悉区域品牌的消费者数量较少，说明广大消费者对农产品品牌已经有一定认知度。根据消费者对企业品牌与区域品牌认知状况的比较分析可以看出，消费者在购买食用油、鲜肉和鲜奶时，对企业品牌的认知程度更高，而在购买或消费粮食、蔬菜、水果和茶叶时，对区域品牌的认知程度更高。进一步分析认为，消费者更熟知食用油、鲜肉和鲜奶类企业品牌，是因为这类自主品牌的经营主体多为大规模农产品加工企业，市场占有率高、知名度高。相对而言，消费者更熟悉粮食、蔬菜、水果和茶叶类农产品区域品牌，主要原因在于这几类食用农产品的生产更依赖于产地、气候等特征，区域品牌借助于优越的地理位置和独特的生产环境进行宣传推广，突出了区域特征，提升了知名度。

（2）消费者对高质量农产品品牌的区域偏好状况

表4－5统计结果显示了消费者对粮油类品牌的地域偏好，在购买粮油类农产品时，42.07％的消费者更倾向于购买本地品牌，18.84％的消费者更倾向于购买外地品牌，39.09％的消费者认为本地品牌与外地品牌无差异。这表明，消费者在购买粮油类产品时，更偏好于本地品牌。主要原因在于，本地品牌通过提供更多的生产信息、售后服务、质量安全保障等，更容易赢得消费者的信任，进而提高偏好程度。此外，本地品牌代表了当地粮油产业的整体形象、文化、发展潜力和竞争优势。消费者在购买本地品牌时，会产生一种支持本地粮油产业发展的自豪感，因此更偏好选择本地粮油品牌。

表4－5　消费者对粮油类品牌的地域偏好

		本地品牌	外地品牌	无差异
粮油类	人数（个）	451	202	419
	比重（％）	42.07	18.84	39.09
蔬菜类	人数（个）	764	58	250
	比重（％）	71.27	5.41	23.32
水果类	人数（个）	420	247	405
	比重（％）	39.18	23.04	37.78
茶叶类	人数（个）	281	379	412
	比重（％）	26.21	35.35	38.43
鲜肉类	人数（个）	737	76	259
	比重（％）	68.75	7.09	24.16
鲜奶类	人数（个）	468	247	357
	比重（％）	43.66	23.04	33.3

数据来源：课题组调查。

对蔬菜类产品品牌的地域偏好比较发现，在购买蔬菜类农产品时，71.27%的消费者更倾向于购买本地品牌，5.41%的消费者更倾向于购买外地品牌，23.32%的消费者认为本地与外地品牌无差异。表明消费者在购买蔬菜类农产品时，更偏好于本地品牌，可能原因有以下两点：一是消费者更容易获取关于蔬菜本土生产企业产地、生产环境、气候等方面信息，更容易消除消费者的信息不对称，提高消费者对本地品牌的信任度；二是蔬菜易腐烂的特点导致其容易引发质量安全问题，故相较于外地品牌，更倾向于购买本地品牌的蔬菜类农产品。

对水果类农产品品牌地域偏好的比较发现，在购买水果类农产品时，39.18%的消费者更倾向于购买本地品牌，23.04%的消费者更倾向于购买外地品牌，37.78%的消费者认为本地品牌与外地品牌无差异。这表明，消费者在购买水果类产品时更偏好于本地品牌，更重视产地、生产环境、气候等区域信息，更信任本地质量安全监管体系；但是消费者对水果类农产品本地品牌和外地品牌的地域偏好差距较小，可能原因是消费者更关注水果类农产品的价格、外观、口感、品质等属性。

在购买茶叶类产品时，26.21%的消费者更倾向于购买本地品牌，35.35%的消费者更倾向于购买外地品牌，38.43%的消费者认为购买本地品牌与外地品牌无差异。调查表明在购买茶叶类产品时，认为本地品牌和外地品牌无差异的消费者占比最高，其次是更偏好于外地品牌，最后是更偏好于本地品牌。对品牌没有地域偏好的原因，可能是消费者在购买茶叶时更看重口感、价格、文化、品牌知名度、质量安全等信息，对茶叶品牌的地域性要求次之。

在购买鲜肉类农产品时，68.75%的消费者更倾向于购买本地品牌，7.09%的消费者更倾向于购买外地品牌，24.16%的消费者认为购买本地品牌与外地品牌无差异。说明消费者购买鲜肉类产品时更偏好于本地品牌。原因可能有三个方面：一是本地品牌运输成本较低，市场供应价格相对便宜，消费者更倾向于购买物美价廉的鲜肉；二是鲜肉具有易腐烂、不易保鲜等特点，较容易引发质量安全问题。相较于外地品牌，本地品牌鲜肉供应链较短，避免了长距离运输过程可能产生的质量安全风险；三是消费者更熟悉本地品牌鲜肉，本地品牌认知程度高，信任度也更高，故更偏爱本地品牌。

对鲜奶类农产品品牌而言，43.66%的消费者更熟悉并倾向于选择购买本地品牌鲜奶，23.04%的消费者更倾向于购买外地品牌鲜奶，33.3%的消费者认为购买本地品牌与外地品牌无差异。与其他食用农产品品牌地域偏好原因相似，由于鲜奶不易保存、易变质等特征，消费者倾向于选择运输距离短的本地品牌，因而对本地品牌认知程度更高。

综上所述，通过比较消费者对六大类食用农产品品牌的地域偏好，发现消费者在购买粮油、蔬菜、水果、鲜肉、鲜奶时，更倾向于本地品牌。此外，在购买粮油、水果、鲜奶和茶叶时，也有一定比重的消费者在选择本地品牌与外地品牌上无显著差异。进一步分析认为，消费者在购买粮油、蔬菜、水果、鲜肉、鲜奶等食用农产品时更倾向于购买本地品牌的原因在于：一是本地品牌生产成本低，市场价格相对便宜；二是这些食用农产品等具有易腐烂、不易储存等特点。本地品牌供应链较短，质量安全风险相对较小；三是本地品牌具有本土化竞争优势，更容易获得消费者的信任。此外，消费者很容易获取关于本地品牌生产商、产地、售后服务等信息。品牌认知无明显地域差异的消费者，往往更关注价格、品牌知名度、口感、品质等其他农产品属性。

4.4.2 消费者个人及家庭特征与食用农产品品牌认知的关系

（1）消费者个人及家庭特征与农业区域品牌认知的相关性

统计分析结果显示，年龄、婚姻状况、家庭5岁以下儿童人口数、恩格尔系数与粮食类区域品牌认知存在正相关关系（表4-6）。年龄越大、已婚、家庭5岁以下人数越多、恩格尔系数越大，消费者对粮食类农产品区域品牌认知水平越高。由于已婚女性是粮食类等农产品的主要购买者，因此对粮食类区域品牌认知程度更高。月均收入与粮食类区域品牌认知存在负相关关系，表明随着收入增加，对粮食类区域品牌认知程度反而有所降低。可能的原因是，随着收入的提高，消费者会更倾向于关注粮食的品质、营养等属性。

表4-6　消费者个人及家庭特征与农业区域品牌认知相关性检验（Spearman相关系数）

变量	粮食	食用油	蔬菜	水果	茶叶	鲜肉	鲜奶
区域品牌	1.000	1.000	1.000	1.000	1.000	1.000	1.000
性别	−0.030	−0.076*	0.056	0.076*	0.082*	−0.057	−0.112
年龄	0.103*	−0.026	0.042	0.023	−0.059	−0.011	−0.003*

（续）

变量	粮食	食用油	蔬菜	水果	茶叶	鲜肉	鲜奶
婚姻状况	0.081*	0.029	−0.004	−0.062*	−0.120*	−0.015	0.029
教育程度	−0.060	0.001	0.068*	0.012	0.051	−0.001	0.018
职业	0.025	−0.011	0.037	−0.067*	−0.049	−0.030	0.002
省份	−0.029	−0.068*	−0.035	−0.134*	−0.065*	−0.123*	−0.014
城镇	−0.041	−0.033	0.077*	−0.022	−0.027	−0.033	0.000
常住人口	0.010	0.063*	−0.009	−0.011	−0.037	0.058	0.124*
5 岁以下	0.069*	0.064*	0.021	−0.039	0.007	0.001	0.080*
60 岁以上	−0.002	0.047	−0.041	−0.083*	−0.108*	0.060*	0.106*
月均收入	−0.072*	0.045	0.043	−0.119*	−0.079*	0.012	0.071*
恩格尔系数	0.083*	0.039	−0.012	0.014	0.063*	−0.004	−0.021

数据来源：课题组调查。

注：Spearman 相关性分析的原假设（$H_{\rho 0}$）：两个变量之间没有相关性。* 表示 5% 的显著水平。

消费者家庭常住人口、5 岁以下儿童人数与食用油类区域品牌认知之间存在显著正相关关系。说明家庭常住人口数量越多、5 岁以下儿童人数越多，食用油类农产品区域品牌认知水平越高。家庭常住人口数量越多，对食用油类区域品牌关注和了解程度也会有所提高。由于家庭会比较关注儿童健康问题，故 5 岁以下儿童数量越多，对食用油类区域品牌越熟悉，认知水平也会相应提高。性别、省份与食用油类区域品牌认知存在负相关关系，即调查对象为女性、位于西部地区，对食用油类区域品牌认知程度越低。可见，经济发展水平影响居民食用农产品品牌认知，一定程度上限制了对区域品牌信息的获取，导致认知程度不高。

消费者教育程度和是否居住在城镇，与蔬菜类区域品牌认知存在正相关关系，表示受教育程度高、居住地在城镇的居民对蔬菜类区域品牌认知水平高。由于受过良好教育的消费者获取蔬菜类区域品牌信息的能力较强，故对蔬菜类区域品牌的认知程度也相应提高。

消费者性别与水果类区域品牌认知存在正相关关系，表示女性更了解水果类区域品牌，可能是因为女性是水果的主要购买者，相较于男性而言，更熟悉水果类区域品牌。婚姻状况、职业、省份、5 岁以下、60 岁以上人数、月均收入与水果类区域品牌认知存在负相关关系，表示已婚、农民、东部地区、儿童与老年人口数量越多、月均收入越高对水果类区域品牌认知程度反而较低。

消费者性别与茶叶类区域品牌认知存在正相关关系，表示女性更了解茶叶类区域品牌，可能是因为女性是主要购买者，相较于男性更熟悉茶叶类区域品牌。婚姻状况、职业、省份、60岁以上老年人口数量、月均收入等与茶叶类区域品牌认知存在负相关关系，表示已婚、农民、东部地区、老年人口数量越多、月均收入越高对茶叶类区域品牌认知程度反而较低。

消费者家庭60岁以上老年人口数量与鲜肉类区域品牌认知水平存在正相关关系，表示家庭老年人口越多，鲜肉类区域品牌认知水平越高。由于家庭会比较关注老人健康问题，老年人口越多，对鲜肉质量安全要求也更重视，对鲜肉类区域品牌蕴含的产地、生产环境、质量安全保障等信息越熟悉，对鲜肉类区域品牌认知水平也会越高。

消费者家庭常住人口数量、5岁以下儿童数量、60岁以上老年人口数量、月均收入与鲜奶类区域品牌认知水平存在正相关关系，表示随着常住人口数量的增加、儿童和老年人口数量的增加、月均收入的提高，鲜奶类区域品牌认知水平越高。性别与鲜奶类区域品牌认知存在负相关关系，表明男性更熟悉鲜奶类区域品牌。

（2）消费者个人及家庭特征与农业企业品牌认知的相关性

统计分析结果显示，年龄与粮食类企业品牌认知存在负相关关系，表明随着年龄增加，对粮食类企业品牌认知程度反而有所降低（表4-7）。原因可能在于，随着年龄增加，消费者接受新知识的能力减弱，对企业品牌信息获取能力下降，导致对粮食类企业品牌认知程度降低。

表4-7　消费者个人与家庭特征与农业区域品牌认知相关性检验结果

变量	粮食	食用油	蔬菜	水果	茶叶	鲜肉	鲜奶
企业品牌	1.000	1.000	1.000	1.000	1.000	1.000	1.000
性别	−0.024	0.072*	−0.099*	−0.108*	−0.116*	0.084*	0.120*
年龄	−0.084*	0.009	−0.045	−0.050	0.053	0.025	−0.023
婚姻状况	−0.019	−0.012	0.017	0.052	0.116*	0.022	−0.032
教育程度	0.011	0.036	−0.071*	−0.035	−0.017	0.009	0.001

（续）

变量	粮食	食用油	蔬菜	水果	茶叶	鲜肉	鲜奶
职业	−0.031	0.076*	−0.049	0.013	0.079*	0.066*	0.031
省份	−0.007	0.092*	0.028	0.114*	0.059*	0.136*	0.029
城镇	0.023	0.056	−0.083*	−0.028	−0.003	0.032	0.034
常住人口	0.039	−0.046	0.079*	0.037	0.054	−0.067*	−0.125*
5岁以下	0.000	−0.001	0.031	0.085*	0.043	0.023	−0.065*
60岁以上	0.038	−0.013	0.104*	0.094*	0.127*	−0.049	−0.094*
月均收入	0.034	0.005	−0.022	0.088*	0.101*	0.007	−0.054
恩格尔系数	−0.059	−0.038	0.002	−0.023	−0.035	−0.013	0.032

数据来源：课题组调查。

注：Spearman 相关性分析的原假设（$H_{\rho 0}$）：两个变量之间没有相关性。* 表示5%的显著水平。

消费者性别、职业、所处省份与食用油类企业品牌认知存在正相关关系，表明女性、从事国企或事业单位等职业、居住在东部地区的消费者，对食用油类企业品牌认知程度较高。可能的原因是女性承担了家庭食用油的购买任务，更了解食用油类企业品牌；而从事国企、事业单位等职业可能更看重企业品牌蕴含的身份象征；东部地区消费者便利的信息获取渠道，提高了他们对食用油类企业品牌的认知度。

消费者家庭常住人口数量、60岁以上老年人口数与蔬菜类农产品企业品牌认知存在正相关关系。反映了随着家庭常住人口数量的增加、60岁以上老年人口数量的增加，消费者对蔬菜类企业品牌认知程度有所提高。性别、教育程度、居住在城镇等特征，与蔬菜类产品企业品牌认知存在负相关关系，反映了女性、高学历消费者、城镇居民，对蔬菜类产品企业品牌认知程度反而较低。

消费者家庭居住地区、5岁以下儿童数量、老年人口数量、月均收入与水果类企业品牌认知存在正相关关系。反映了居住在东部地区、5岁以下儿童数量和老年人口数量越多、月均收入越高的消费者，对水果类区域品牌认知程度越高。性别与水果类企业品牌认知存在负相关关系，说明与女性相比，男性更了解水果类农产品企业品牌。

消费者婚姻状况、职业、居住地区、老年人口数量、月均收入等与茶叶类企业品牌认知存在正相关关系。反映了已婚、从事国企或事业单位等职业、居住东部地区、家庭老年人口数量越多、月均收入越高的消费者，对茶叶类企业品牌认知程度越高。性别与茶叶类企业品牌认知存在负相关关系，说明男性更了解茶叶类企业品牌。

消费者性别、职业、居住地区与鲜肉类企业品牌认知存在正相关关系。表明女性、从事国企或事业单位等职业、居住在西部地区的消费者，在购买鲜肉类农产品时对企业品牌认知水平较高。常住人口数量与鲜肉类企业品牌认知存在负相关关系，表明家庭常住人口数量越多，对鲜肉类企业品牌认知程度反而下降。

消费者性别与鲜奶类企业品牌认知存在正相关关系，即女性更熟悉鲜奶类企业品牌。常住人口数量、家庭 5 岁以下儿童数量和老年人口数量与鲜奶类企业品牌认知存在负相关关系。反映了随着常住人口数量、5 岁以下儿童和老年人口数量的增加，鲜奶类企业品牌认知水平反而下降。

（3）消费者个人及家庭特征与农业品牌认知的相关性特征

根据上述消费者个人与家庭特征对七大类食用农产品品牌认知相关性分析发现，在消费者个人特征中，已婚、女性、教育水平、从事国企或事业单位等职业，以及家庭特征中居住在东部地区、家庭 5 岁以下儿童和老人数量、月均收入等，均与农业品牌认知程度呈正相关关系。综合与各类食用农产品品牌认知的相关性，得出以下主要特征：已婚女性作为家庭农产品的主要购买者，相较于未婚男性而言，对农产品品牌的认知程度更高。高学历消费者学习能力强，获取信息、知识的能力也较强，对农产品品牌的认知程度也更高。从事国企或事业单位等职业的消费者因工作环境、工作要求等，接触农产品品牌的机会较多，也更了解农产品品牌。居住在东部经济发达地区的消费者生活水平较高，因此有更多条件和机会了解各类农产品品牌。家庭 5 岁以下儿童和老人数量越多的家庭，越重视农产品营养健康与质量安全等产品属性，因而有更强的意愿了解品牌标签背后蕴含的质量保障、健康安全等信息。月均收入越高的家庭，接触高质量农产品品牌的机会越多，越有利于提高对农产品品牌的认知程度。

4.4.3　质量安全对品牌农产品购买意愿及溢价水平的影响——以鲜肉为例

（1）食用农产品质量安全对品牌信任度及购买意愿的影响

食用农产品是典型的经验品和信任品。前者只有在消费者购买后，经过真实消费体验，才能知道产品真实的质量安全水平；后者则同时还需要政府制定法规、标准给予保障。某种程度上，品牌是产业及产品品质的保障。通过形成品牌信任，产生对顾客承诺（Delgado—Ballester 等，2001），进而强化顾客对品牌产品可靠性及品质安全的信任度（Amine，1998）。在消费者对品牌做出购买决定之前，品牌能给消费者带来除产品本身功能外的品质、社会身份或“面子”等附加价值。随着这些附加价值的提升，增进了消费者的效用（安增军等，2010）。人们对品牌信任度越高，就越认同品牌农产品高质量、高品质的特质（夏晓平等，2011）。然而，一旦消费者购买到的品牌农产品出现质量安全问题，必然影响消费者对品牌的信任度和继续购买该产品的意愿，甚至还可能对整个市场所有同类型农产品需求产生负面影响，特别是区域公用品牌农产品。本研究利用获取的消费者调查数据，判断消费者购买食用农产品时遭遇质量安全问题的经历，是否会对品牌农产品购买意愿及信任度产生影响。

统计分析发现（表 4 - 8），消费者如果购买农产品过程中遭遇过食品质量安全问题，有 97.5%的消费者反馈会影响其品牌农产品的购买意愿，只有 2.5%的消费者反馈不会受到影响。其中，有高达 87%的消费者认为遇到食品质量安全问题既影响其品牌购买意愿又影响品牌信任度。可见，对于消费者而言，全面提升食用农产品质量安全治理水平，对提高品牌购买意愿及信任度具有重要影响，甚至对加快农业产业及产品品牌化发展起决定性作用。

表 4 - 8　食品质量安全问题对品牌购买意愿和信任度的影响

食品质量安全问题对品牌消费的影响	频率	比重	累积比重
没有影响	26	2.50%	2.50%
影响品牌购买意愿	49	4.72%	7.23%
影响品牌信任度	55	5.30%	12.52%
既影响品牌购买意愿又影响品牌信任度	908	87.48%	100%
样本数	1 038	100%	

数据来源：课题组调查。

（2）质量安全问题对品牌购买行为的影响：基于鲜肉消费调查数据的实证

前面分析指出，食用农产品质量安全问题会影响消费者对品牌农产品的购买意愿及信任度。但它对品牌农产品购买行为及溢价水平的影响，有待进一步实证检验。事实上，消费者无法获知生产优质产品的成本，因此不能确定保证最低质量的价格水平。在这种情况下，品牌蕴含的对产品品质的保障可以使消费者将相应的价格溢价视为最低产品质量的保证。利用消费者调查数据，构建了 Logit 回归模型，探讨遭遇食品质量安全问题对购买品牌鲜肉的影响。基本模型将消费者对鲜肉品牌的购买行为视为消费者遭遇质量安全问题的函数，模型如下：

$$buy_{brand}=\alpha+\beta_1 iss_{qs}+\gamma_i x_i+\varepsilon \tag{16}$$

式中，buy_{brand} 表示品牌鲜肉的实际购买行为；iss_{qs} 表示购买鲜肉遇到质量安全问题，β_1 表示遭遇质量安全问题的系数；x_i 表示一组控制变量，具体包括消费者的性别、年龄、婚姻状况、教育程度、工作等个人特征，以及是否住在城镇、家里是否有 5 岁以下儿童以及 60 岁以上老人、家庭收入、食物支出占比（恩格尔系数）等家庭特征，消费者对品牌农产品以及食品质量安全关注度等控制变量。γ_i 是这组控制变量的系数，ε 为扰动项。解释变量、被解释变量和控制变量的描述性统计见表 4－9 所示。

表 4－9　变量的描述性统计

变量	描　述	观测值	平均值	标准差	最小值	最大值
购买品牌	是否购买品牌鲜肉（是＝1，否＝0）	877	0.94	0.234	0	1
品牌溢价	品牌溢价（无溢价＝1，低于 20%＝2，21%～40%＝3，41%～60%＝4，61%～80%＝5，81%～100%＝6，高于 100%＝7）	877	2.05	1.019	1	7
质量安全问题	您遇到过食品质量安全问题吗（是＝1，否＝0）	877	0.45	0.498	0	1
质量安全因素	质量安全是购买的首要考虑因素（是＝1，否＝0）	877	0.52	0.5	0	1
性别	男性＝1，女性＝0	877	0.43	0.495	0	1
年龄	实际年龄	877	34.91	9.406	20	70
已婚	已婚＝1，未婚＝0	877	0.71	0.456	0	1

（续）

变量	描　述	观测值	平均值	标准差	最小值	最大值
教育程度	受教育年份	877	0.69	0.462	0	1
工作	工作单位是否为公务员或事业单位（是=1，否=0）	877	0.29	0.453	0	1
住在城镇	是否住在城镇（是=1，否=0）	877	0.83	0.378	0	1
儿童	家庭中年龄低于5岁的孩子数量	877	0.32	0.542	0	3
老人	家庭中是否有年龄高于60岁的老人（是=1，否=0）	877	0.35	0.478	0	1
收入	人均月收入	877	2 821	2 292	150	22 500
食物支出占比	食物支出占总支出比重（<=10%=1、11%～20%=2、21%～30%=3、31%～40%=4、41%～50%=5、51%～60%=6、61%～70%=7、71%～80%=8、81%～90%=9、91%～100%=10）	877	3.16	1.478	1	10
质量安全关注度	食品安全关注（没有关注=1，很少关注=2，一般=3，关注=4，非常关注=5）	877	4.50	0.824	1	5
品牌关注度	品牌关注（没有关注=1，很少关注=2，一般=3，关注=4，非常关注=5）	877	3.83	1.055	1	5

数据来源：课题组调查。

回归结果显示（表4-10），消费者购买鲜肉时遭遇质量安全问题会促进消费者购买品牌鲜肉，显著性水平达到5%。几率比（odds ratio）的结果证明，遭遇过食品安全问题的消费者比没有遭遇过的消费者，购买品牌鲜肉的概率增加97%。所以消费者购买普通农产品时遇到食品质量安全问题，往往会更愿意去购买价格相对更高的品牌鲜肉。此时，品牌信誉为满足消费者对食用农产品质量安全的需求提供了保障。说明在品牌培育与建设过程中，质量安全是消费者最关注的产品属性之一。

表4-10　质量安全问题对购买鲜肉品牌的回归估计

变量	*M*1			
	系数	标准误	几率比	标准误
质量安全问题	0.676**	0.329	1.97	0.646
性别	1.192***	0.374	3.29	1.231

（续）

变量	M1			
	系数	标准误	几率比	标准误
年龄	−0.026	0.021	0.97	0.02
已婚	0.063	0.4	1.07	0.426
教育程度	−1.062**	0.482	0.35	0.167
工作	0.42	0.358	1.52	0.544
收入	−0.000 1**	5.38E−05	1	0
食物支出占比	−0.031	0.099	0.97	0.096
住在城镇	0.686*	0.411	1.99	0.816
儿童	−0.106	0.339	0.9	0.304
老人	0.847**	0.413	2.33	0.964
品牌关注度	0.451***	0.142	1.57	0.223
质量安全关注度	0.052	0.178	1.05	0.187
常数项	1.622	1.172	5.07	5.935

数据来源：课题组调查。

注：***、**、* 分别表示 1%、5%、10%的显著性水平。

（3）质量安全影响品牌购买溢价水平的实证分析：基于鲜肉消费调查数据

为进一步分析消费者遭遇食品质量安全问题会否影响品牌鲜肉购买溢价水平，构建了 Logit 回归模型，方程如下：

$$premium_{brand}=\alpha+\beta_1 iss_{qs}+\gamma_i x_i+\varepsilon \tag{17}$$

$$premium_{brand}=\alpha+\beta_2 fac_{qs}+\gamma_i x_i+\varepsilon \tag{18}$$

在式（17）和式（18）中，$premiun_{brand}$ 表示购买品牌鲜肉时的溢价水平；iss_{qs} 表示是否遭遇过食品质量安全问题，fac_{qs} 表示购买农产品时首要考虑质量安全因素，β_1 表示质量安全问题的系数，β_2 表示购买产品首要考虑质量安全因素的系数；x_i 表示一组控制变量，与公式（40）控制变量相同，γ_i 为控制变量的系数；ε 为扰动项。$M2$ 与 $M3$ 分别显示了实际遇到质量安全问题与购买农产品时首要考虑质量安全因素，对消费者购买品牌鲜肉时溢价水平的影响。回归结果列于表 4 - 11。

表 4-11 消费者鲜肉品牌溢价回归估计

变量	M2			M3		
	系数	标准误	几率比	系数	标准误	几率比
质量安全问题	0.43***	0.133	1.53			
质量安全因素				0.34**	0.135	1.41
年龄	−0.01	0.009	0.99	0.15	0.009	0.99
性别	0.14	0.133	1.15	−0.01	0.133	1.18
已婚	0.03	0.179	1.03	0.02	0.18	1.07
教育程度	0.03	0.034	1.03	0.02	0.034	1.04
工作	−0.09	0.152	0.91	−0.02	0.152	0.93
收入	0.00	0	1.00	0.00	0	1.00
食物支出占比	0.13***	0.047	1.14	0.12***	0.047	1.13
住在城镇	0.18	0.188	1.20	0.15	0.187	1.13
儿童	0.08	0.13	1.09	0.09	0.13	1.11
品牌关注度	−0.07	0.07	0.93	0.19	0.07	0.92
质量安全关注度	0.08	0.088	1.09	−0.09	0.088	1.06

数据来源：课题组调查。

注：***、**、*分别表示1%、5%、10%的显著性水平。

根据 *M2* 的回归结果，消费者如果遭遇过食品质量安全问题，将显著提高品牌鲜肉的溢价水平，显著性水平达到 1%。即与没有遭遇过食品质量安全问题的消费者相比，遭遇过质量安全问题的消费者愿意为品牌鲜肉支付更高价格的几率提高了 0.53 倍。

M3 的回归结果显示，购买农产品首要考虑产品质量安全因素时，也会显著提高消费者对品牌鲜肉的溢价水平，显著性水平达到 5%。首要考虑产品质量安全的消费者，在购买品牌农产品时愿意支付更高价格的几率，是没有遭遇过食品质量安全问题的消费者的 1.4 倍。回归结果证明，在消费者对品牌食用农产品功能价值的认定中，考虑最多的还是农产品的质量安全功能。正是由于高质量农产品品牌带来的更高效用，使得消费者愿意支付更高溢价。在这个过程中，食用农产品质量安全问题始终是影响消费者品牌购买决策及溢价支付的最重要的考量因素。有理由相信，鲜肉品牌的经验同样可以推广到其他类型的食用农产品品牌培育与打造中。因此，提升食品农产品

质量安全治理水平过程中，加快农业及农产品品牌化建设与发展是其中极为重要的环节。

4.5　模型基本结论及政策内涵

4.5.1　市场势力对食用农产品质量安全治理的影响及政策内涵

研究建立了一个理论分析框架，以检验市场势力对食用农产品质量安全治理的影响，探讨了市场势力的提升对加强企业质量安全管理，进而提高食品质量安全风险防范效果的作用机制。在实证模型中，利用边际贡献指数（*CM*）反映企业市场势力。以猪肉行业为例，测算出目前中国猪肉行业的 *CM* 指数为 0.19。猪肉企业规模的快速扩张显著提高了行业集中度，大型猪肉加工企业的市场势力逐步提高。为解决可能存在的样本选择偏误，保证估计的有效性，研究采用 Heckman 两步法 Probit 选择模型，检验了市场势力对中国猪肉企业食品质量安全行为及绩效的影响。本书还调查了其他可能反映公司市场势力的指标，包括企业规模和产品范围。实证结果发现，企业规模和产品范围对企业违反食品质量安全规定概率与违规程度的影响有所不同。适度规模经营确实有效降低了企业食品质量安全违规程度，但是对降低违规概率影响不显著；产品范围的扩大增大了企业质量安全控制难度，导致企业食品质量安全违规概率的提高。

除了猪肉产业外，中国其他主要食用农产品，包括奶制品、粮油制品等，都正在经历规模扩张与快速转型升级的过程。在这一过程中，尽管食用农产品质量安全状况有全面提升，但质量安全事件仍时有发生，整体质量安全水平仍有待提升。随着消费者越来越关注和重视食品质量安全，生产经营主体应立足于全产业链加强农产品质量安全管理、提高风险控制水平，积极探索提升质量的路径与策略，行业应加快可持续发展与绿色转型，政府对农业及食品行业龙头的加速扩张应进行合理引导与监测，才能切实推进农业产业及食品行业实现高质量发展，真正提高中国食用农产品质量安全治理水平。

随着食用农产品经营主体的扩张，重大质量安全违规行为将得到更有效的控制。然而，如果任由经营规模持续膨胀，很可能因为过度扩张而对质量安全管理及风险控制的有效性提出挑战。实证结果也证明了适度经营规模对保证鲜肉安全的重要性。此外，同时生产多种类型食用农产品的企业，也面临更大的食品质量安全风险控制压力。对于完善相关政策措施而言，意味着政府要么必须规范食品生产经营规模，要么必须制定更有效的激励及监管措施，以保证促进农业及食品行业质量管理及风险防范能力的提高。此外，应将监管重点从大型农业及食品企业逐步转向中小企业，从供应链优化升级的角度促进农业及食品行业全面协调发展。

4.5.2 加快品牌建设对提高食用农产品质量安全治理水平的影响及政策内涵

第一，有针对性分类培育食用农产品品牌，稳步提升各类农产品市场品牌认知度。根据调查数据统计分析可知，消费者对企业品牌、区域品牌认知水平有待提高。基于消费者视角，在购买或消费食用油、鲜肉和鲜奶时，对企业品牌的认知程度更高，而在购买或消费粮食、蔬菜、水果和茶叶时，对区域品牌的认知程度更高。因此针对不同种类的农产品品牌，应当根据消费者消费特征和对品牌认知状况的分析，进行分类培育，进一步提升市场的知名度。

第二，提高农产品质量安全水平，逐步提高消费者对品牌农产品的购买意愿及溢价水平。研究证明，提升农产品质量安全水平可以有效促进消费者购买品牌农产品，提高品牌溢价。一方面，从生产源头开始有效监督和控制品牌农产品的质量安全。要从农产品源头入手，加强生产过程中农业投入品的监管，积极对种植养殖主体开展相关生产技术、生产知识的讲座培训，促进生产者合理使用农药、化肥等各类投入要素。另一方面，规范品牌进入门槛，制定品牌使用标准。要明确提出品牌使用必须达到的质量安全要求，如认证标识、检验合格证、产地证等；设计违规使用品牌的惩罚机制，有效监管品牌使用者生产产品的质量安全水平；加大品牌产品的抽检力度，定期公示不合格产品品牌，并给予一定处罚。此外，积极完善品牌农产品的质量追溯体系，及时公布品牌农产品的质量追溯情况，披露存在的质量安全问题以及劣质产品，使供应链各环节质量信息透明化。

第三，切实保障食用农产品质量安全，提高品牌信任度。研究证明农产品质量安全水平与消费者品牌信任度之间呈显著正相关，即农产品质量安全水平越高、消费者对农产品品牌的信任度也越高。因此，在培育农业品牌时，要切实保障农产品质量安全，提高消费者对食用农产品品牌的信任度。

一方面，加强广告宣传，创建品牌故事。积极引入互联网、远程等现代信息技术，加大品牌广告投入力度，打响品牌农产品知名度，提高消费者的品牌信任度；品牌宣传内容除集中于营养健康、质量安全、外观口感等方面，还应聚焦于品牌农产品的品牌历史、品牌文化、品牌故事、绿色生态等特色，减少宣传同质化，提高差异化竞争水平。另一方面，完善质量监管体系，切实保障农产品质量安全。积极完善农产品质量检测体系，实现对农产品产前、产中、产后质量安全的实时监测；建设并完善农产品质量标准体系、农产品质量监管体系和农产品标准化推广体系，全程监管农产品供应链上的各个环节，实时记录并传送生产、流通及销售环节的信息，切实保障农产品供应链质量安全；完善农产品供应体系，培育新型农业供应体系，保障农产品供给数量稳定与供给质量提升。

4.6　本章小结

本章主要探讨了市场结构对加强食用农产品质量安全治理的内在作用机制，并从品牌建设与发展的视角分析了产品差异化战略对提高食用农产品质量安全治理水平的作用和意义。

首先，以猪肉行业为例，分析了市场势力对加强食用农产品质量安全治理的内在作用机制。采用推测变差法（CV），利用边际贡献指数（CM）测算了中国猪肉加工企业的市场势力。结果显示，目前中国猪肉行业的 CM 指数平均为 0.19，猪肉加工企业的市场势力正逐步提高。利用对全国 159 家猪肉加工企业调查数据，揭示了企业市场势力、规模水平、产品差异化程度，以及企业质量管理及风险防范措施等，对企业质量安全违规行为的影响及作用机制。结果证明，企业市场势力的提升显著降低了企业质量安全违规概率，但对违规程度无显著影响。此外，随着企业规模适度扩张，重大食品质量安全违规行为得到有效控制，但这一结论在大规模农产品加工企业中没有得到验证。

其次，从品牌建设与发展的视角，分析了产品差异化战略对食用农产品质量安全治理的影响。重点关注了农产品质量安全如何影响消费者品牌购买决策及溢价水平，探讨了品牌建设对加强食用农产品质量安全治理的重要性。利用问卷调查获得 1 072 位消费者数据，分析消费者对粮油类、蔬菜类、水果类、茶叶、鲜肉类、鲜奶类等农产品品牌认知及地域偏好的情况；检验消费者个人及家庭特征，与农产品品牌认知的相关性；在上述结论基础上，以鲜肉消费为例，构建 Logit 回归模型，检验了质量安全对消费者品牌农产品购买行为及溢价水平的影响。结论指出，食用农产品质量安全问题始终是影响消费者品牌购买决策及溢价支付的重要考量因素。证明了在提升食用农产品质量安全治理水平的过程中，加快农业及农产品品牌化建设与发展是其中关键环节。

本章的主要研究结论为下一章深入探讨产业组织优化制度建设中的目标、重点及总体思路，切实提高食用农产品质量安全治理水平，提供科学依据及指导。

第 5 章　食用农产品质量安全治理与产业组织优化制度建设分析

推动产业组织优化的制度建设，应以具体的产业组织逻辑规律、影响因素及内在作用机制为基础。第三章与第四章分析了市场结构因素与市场行为因素对食用农产品质量安全治理的影响及作用机制。基于研究结论，本章重点研究如何加强制度建设，促进农业及食品产业组织优化发展，以有效提升食用农产品质量安全治理水平。

5.1　制度建设的三个具体要求

5.1.1　促进产业组织及经营主体进一步提高质量安全风险控制水平

加强食用农产品质量安全的治理不仅要求对问题食品及违规企业进行惩治，重点在于对农业及食品产业经营主体加强监管，全面提升其质量安全风险控制水平。农产品质量安全主要受经营主体质量控制行为和政府监管行为的双重影响。一方面，政府监管会影响农业及食品产业经营主体的质量安全管理及风险控制行为，并会进一步影响农业及食品产业结构的调整与升级。作为食用农产品质量安全监管主体，政府应加强制度建设，促进产业经营主体积极加强农产品质量安全管理，提高风险控制水平。制度建设应重点关注两个方面：一是针对抽检不合格农产品及违规企业行为，全面提升强制性惩罚措施的有效性，建立并完善质量安全准入标准、质量安全评价体系，规范标识标签制度、抽检制度、质量安全追溯体系等；二是针对生产安全优质农产品的诚信守法企业，通过经济和行政指导手段，加速其质量安全标准化进程，鼓励建立和完善农产品溯源体系，鼓励中小微农业企业积极参与质量管理体系认证以及优质农产品认证等，督促农业及食品企业严格落实食品质量安全主体责任。

5.1.2 推动治理重点从事后处置向事前风险防范转型

提升食用农产品质量安全治理水平，不仅要求事后“最严”监管，更需要加强事前组织行为预测与风险防范。如前所述，食用农产品具有“信任品”属性，使得任何质量安全问题不仅对消费者利益造成损害，还会造成企业及关联产业声誉受损，消费者信心受挫，甚至导致政府公信力受到冲击。可见，用事后处置的治理方式解决食用农产品质量安全问题，往往会导致高昂的社会成本。因此，要提升食用农产品质量安全治理水平，就需要推动治理重点从事后处置向事前风险防范转型。由于食用农产品质量安全问题的根源在于农产品市场存在因质量安全信息不对称而导致的市场失灵问题，实现事前风险防范就必须解决信息不对称问题。在政府不断加大监管力度的背景下，需要以“开源”“节流”的方式增加市场质量安全信息披露。首先，“开源”主要指增加农产品质量安全信息供给，并拓宽信息获取渠道。在制度建设中，借助政府构建的监管平台，引入社会监督作为第三方，提高市场信息公开程度，增强政府和公众对食用农产品质量安全的预测能力；其次，“节流”指从源头增加信息披露、降低产业组织内部因信息不对称产生的“内耗”。制度建设方面，意味着要求在食用农产品产业组织内部通过强化供应链纵向一体化程度，在不同经营主体之间构建利益协同机制，形成以生产安全优质农产品为共同目标的非价格协调机制，从而加强组织内部信息交流，以推动整个供应链及利益相关者之间形成有效的质量安全风险防范和预警机制。

5.1.3 促进市场结构的优化调整与产业集中度的适度提高

市场结构的优化调整不仅要重视产业规模的扩张、经营效益的提升，为保障长期绩效更要强调确保产品质量安全。市场结构主要取决于产业内部规模最大的几家企业所拥有的生产资料数量或产销量在整个产业组织中的占比，也反映了产业集中度。越高意味着生产资料更加集中于优势企业，进而带动整个产业组织生产效率的提高。然而，第四章的研究结论证明，食用农产品企业市场集中度的提高对于农产品质量安全的影响并不是完全单调的，即市场集中度越高，农业企业食品质量安全违规概率并非持续下降。具体趋势会受到市场发展状况、具体农产品类型等因素影响。因此，政府在促进农业及食品产业转型升级时，特别是加快制度建设以促进农产品市场结构优化调整时，不能任由超大企业盲目扩张，也不能为了预防垄断出现过度干预市场的行为，限制优势企业做大做强。而应从推进产业高质量发展，有效提升食用农产品质量安全治理水平的总体目标出发，将产业短期能力培育与长期绩效保障有机结合，通过合理的制度安排（包括企业并购、品牌打造、价格策略等）促进市场结构的优化调整。结合不同农产品种类的产业发展特点以及市场结构特征，灵活选择优化产业组织的制度措施，以有效提升食用农产品质量安全治理水平。

5.2 制度建设重点——四个动能转换

为优化产业组织，提升食用农产品质量安全治理水平，根据制度建设的三个具体要求，本节分析了推进制度建设的四个动能转换：即组织目标转换、组织对象转换、组织理念转换及组织手段转换。其中，目标转换是指从仅强调食品安全转向同时重视营养健康；对象转换是指从关注食用农产品本身性状转向重视经营主体行为；理念转换是从终端食品检测推进到前端行为规范；手段转换是从抽检与惩治转向标准化推进。

5.2.1 组织目标转换：从强调食品安全转向同时重视营养健康

党的二十大报告提出，树立大食物观，发展设施农业，构建多元化食物供给体系。随着收入水平与消费水平的提高，人们的健康意识逐步提高，老百姓已从过去“吃得饱”到“吃得好”，再向“吃得健康”转变。中国居民农产品消费结构逐步从单一谷物为主向多元化的方向转变，同时肉、鱼、蛋、奶、水果等农产品的消费量不断增加。食用农产品既作为重要的食物来源，同时又是众多加工食品的原料。提升农产品质量安全治理的制度建设，应从目标上兼顾农产品安全性和营养性。

以鲜食玉米为例，黑龙江省绥化市借助其环境优势，大力发展鲜食玉米产业，“绥化鲜食玉米”也成为全国首个鲜食玉米的农产品地理标志。绥化市总计鲜食玉米种植面积达百万亩以上，大约占据黑龙江省鲜食玉米种植面积的 50%，产业集中度相对较高。当地经营企业积极致力于品牌建设，将“绥化鲜食玉米”品牌成功打造为 2023 年中国品牌价值评价中的“百强区域品牌”。此外，积极与当地科研机构开展全方位产学研合作，推动了鲜食玉米产业标准化体系建设，形成较为完备的全产业链团体标准，出台了全国首个由地级市行业协会制定的鲜食玉米团体标准，为保障鲜食玉米质量安全提供了重要依据。

通过上述案例分析可以看出，从制度上推动食用农产品质量安全治理从安全性提升到营养性的目标转换，存在以下路径依赖：一是产业选择要符合当地发展的实际情况和市场需求动向；二是要完善食用农产品营养品质标准化体系建设；三是注重技术支撑和科技推广。

5.2.2 对象转换：从关注食用农产品本身性状转向重视经营主体行为

在食用农产品质量安全治理多元主体中，最基础、最关键的主体就是生产经营主体。随着政府对食品质量安全源头监管力度的加强，越来越重视对农产品生产者和经营者的责任追究，并在法律上明确了生产经营主体是质量安全的第一责任人，承担着主体责任。目前，食用农产品经营主体类型主要包括：小农户、家庭农场、农民专业合作社、农业企业四种。按照主体责任监管落实的难度，可以将上述四类主体划分为小农户和除小农户以外的其他经营主体。原因有两点：一是经营特点的差异导致监管重点不同。其他三类经营主体多为从事规模化、集约化、商品化的农业生产，且都需要在工商管理部门进行注册登记，便于监管部门追根溯源并落实相应责任；而小农户不仅经营规模较小且属于独立分散经营主体，生产安排和产品销售都存在较强的主观随意性，增加了监管和溯源的技术难度。二是存续数量的差距导致的监管难度不同。根据《第三次全国农业普查》数据显示，2016 年全国农业经营户总数为 2 074 万户，其中小农户占农业经营户总数的比重高达 97.2%；而农业生产经营单位（不含农业经营户）数量仅为 204 万个。可见，小农户是中国现阶段农业经营主体类型中数量最庞大的群体，也给政府监管工作带来巨大压力。现阶段小农户依旧是农产品供给的“主力军”，因而如何有效加强对小农户生产经营行为的监管，已经成为保障我国食用农产品质量安全的关键举措。2022 年，十三届全国人大常委会第三十六次会议表决通过了新修订的《中华人民共和国农产品质量安全法》，把农户纳入了农产品质量安全监管范围，实现了对生产经营主体质量安全责任监管的全覆盖。这一调整反映出国家对小农户农产品质量安全问题的重视。然而，通过立法和行政手段来规范小农户质量安全控制行为的作用相对有限。除了其群体数量庞大外，产品供应总量小、经营分散、组织化程度低等特点，也导致了常规强制性法律手段和行政监管手段干预成本过高。为弥补政府及相关机构对小农户农产品质量安全监管的不足，还需通过以下方式规范小农户安全生产行为。

第一，产业组织模式的调整。产业组织模式的调整会影响小农户的质量安全控制行为。政府主要通过“小农户＋家庭农场”“小农户＋合作社”“小农户＋农业企业”等多种产业组织模式，将小农户与其他生产经营主体结合起来，作为新型农业经营主体进行监管。这种方式有效降低了政府监管难度，提高了小农户对农产品质量安全认知以及风险控制能力，并通过合同、标准等规范了小农户生产行为。

第二，发挥基层治理功能。基层群众自治制度作为具有中国特色的政治制度，在解决“三农”问题和实现乡村治理的过程中始终发挥着重要作用。因此，在讨论规模分散小农户的农产品质量安全问题时，借助基层治理是一个不可或缺的途径。基层治理对小农户农产品质量安全的影响主要体现在两个方面：一是填补各级政府和监管部门的基层监管盲区，让基层自治组织成为政府政策在社区、乡村推广的协助者、实践者。二是充分发挥基层治理组织作为非正式制度制定主体和执行权威的作用。非正式制度在规范农户行为上往往可以取得较好效果。

综上，从关注食用农产品本身性状转向重视经营主体行为的对象转换过程中，应针对不同经营主体采用不同的方式。对于规模经营的家庭农场、农民专业合作社和农业企业，更适合政府和相关监管机构采取“自上而下”的政策干预、法律规章约束以及行为监管；对于经营较为分散的小农户，应当根据当前发展状况和不同地区的现实情况，以基层自治组织为主体，因地制宜地探索对小农户农产品质量安全规范和引导的制度安排，在广泛的实践中“自下而上”地形成可供借鉴参考的好制度。

5.2.3　理念转换：从终端食品检测推进到前端行为规范

对于农产品产业链前端行为的规范，主要依托于农产品质量安全追溯制度的构建。农产品质量安全追溯制度是指规范农产品生产经营主体和产品流向等农产品质量安全信息记录的制度，其保障农产品质量安全的关键是降低产品供应链各经济主体间的信息不对称。而质量安全追溯制度所提供的相关信息能够有效剔除供应链中的问题产品，也降低了消费者寻求具有质量安全保障产品的信息成本，而事后追溯机制也降低了因产品质量问题造成的医疗负担、劳动力损失、纠纷解决等社会成本。近年来，国家高度重视农产品质量安全追溯制度的发展。2016 年《农业部关于加快推进农产品质量安全追溯体系建设的意见》中指出，要建立农产品追溯与市场准入衔接机制，以责任主体和流向管理为核心，以扫码入市或索取追溯凭证为市场准入条件，构建从产地到市场再到餐桌的全程可追溯体系。同年，国家农产品质量安全追溯管理信息平台正式上线运行。2022 年又将“明确建立农产品质量安全追溯制度”写入新修订的《农产品质量安全法》。

除了政府主导的农产品追溯体系建设，部分农产品经营主体出于自身发展需要以及便于规范管理产品质量的目的，建立了自己的追溯体系。以北京世新华盛牧业科技有限公司为例，该公司实施猪肉的生产、屠宰加工和销售一体化的经营模式。2009 年 10 月，该企业建立了生猪可追溯系统，其追溯方式为“耳缺号＋墨刺号＋追溯码”。“耳缺号”主要用于查询生猪出栏前的相关养殖信息，每头猪拥有独立的耳缺号，在数据库中通过耳缺号查询，可以获得包括生猪的用料、用药、管理信息、健康情况等信息。在生猪出栏后，需要在每头猪的腰部两侧做“墨刺号”，墨刺号主要用于猪的个体身份识别从而实现与“耳缺号”的逐头对应和信息对接。在屠宰分割后，每一头猪会被独立地放入一个箱子中，箱子表面附有“追溯码”，其中包含了耳缺号与墨刺号所能提供的全部信息。整箱打包的猪肉进入超市或零售店后，销售人员可以使用专业的打印设备打印出带有“追溯码”的标签，并分别贴在整箱分装销售的猪肉产品外包装（购物袋）的表面，消费者通过对追溯码进行识别，就可以获得购买的猪肉产品详细的前端信息。

无论是政府主导还是经营主体主导的农产品质量安全追溯体系，其制度建设的关键在于严谨的信息收集流程、完备的信息储备和配套的信息处理平台。而信息的收集、储备、处理等环节，都离不开技术力量的支持。相关研究也已经表明，随着大数据、物联网等数字技术的日趋成熟，农产品质量安全追溯体系也将会取得长足发展。

5.2.4 手段转换：从抽检与惩治转向标准化推进

抽检与惩治对产品质量安全的治理效果主要体现在事后的“鉴真辨伪”，即对市场中流通产品的质量安全进行检测和评判。此外，抽检与惩治手段总会带来较高的资源损耗。除了抽检过程、执法过程、司法流程中会产生行政资源损耗、产品损耗和其他资源消耗外，检验检测不合格产品在其生产过程中所消耗的一切资源都意味着一种浪费。与抽检和惩治相比，农产品质量安全的标准化具有“事前”规范和约束经营主体生产行为的功能，降低了检验、监督、执法等行政成本以及最终产品不合格带来的资源浪费，更有利于从源头治理农产品质量安全问题。

中国《农业标准化管理办法》中将标准划分为五个大类，分别为国家标准、行业标准、地方标准、团体标准以及企业标准。按标准发布单位属性进行区分可分为两类，一类是以政府为主导开展制定并发布的标准，包括国家标准、行业标准及地方标准；另一类是以市场为主导开展制定经相关团体、企业等组织发布的标准，包括团体标准和企业标准。《农产品质量安全法》第十一条提出，国家要建立健全农产品质量安全标准体系。除了政府层面的标准体系建设，国家同样重视市场在标准体系建设中的重要作用。国务院制定的《深化标准化工作改革方案》（国发〔2015〕13 号）中提出，把政府单一供给的现行标准体系，转变为由政府主导制定的标准和市场自主制定的标准共同构成的新型标准体系。农产品质量安全标准目前已发展到涉及产品品种、产地环境、生产加工、产品等级、卫生安全、包装贮运等农产品供应链全过程，基本建立起以国家标准和行业标准为主体、地方标准为配套、企业标准为补充的农产品质量安全标准体系。

目前，中国是全世界茶叶标准最多、茶叶标准体系最健全的国家。我国茶叶标准分为多个层次，包括国家标准、行业标准、地方标准、团体标准和企业标准。国家标准分为强制性标准和推荐性标准，行业标准、地方标准是推荐性标准。茶叶标准按茶叶生产过程或质量控制阶段可细分为以下 8 类：生产、加工和管理标准（包括茶树种子、苗木、生产加工标准），质量安全标准，产品标准，包装、标签和贮运标准，检测方法标准，机械标准，实物标准和其他相关标准。这 8 类标准涉及整个茶叶产业链，基本实现了全程标准化管理的目标。

本书对“中国标准服务网”中茶叶相关国家标准、相关行业标准、相关团体标准、全国各省（自治区、直辖市）发布的茶叶相关地方标准进行检索并统计。具体结果如下：当前我国现行有效的茶叶相关国家标准总计有 116

项，其适用范围包括产品质量标准、检测方法标准、地理标志产品标准、生产加工标准、栽培管理标准、储运销售运营标准；现行有效的茶叶相关行业标准总计有 82 项，其适用范围分为供销合作社标准、化工标准、农业标准、商业标准、商品检验标准五类；现行有效的茶叶相关团体标准共有 289 项；全国各省、自治区、直辖市发布的与茶叶相关地方标准总计达到了 477 项，涉及的省、自治区及直辖市共 33 个。通过分析茶叶标准化案例显示，中国农产品质量安全标准化体系的形成，需要政府、社会团体、企业等多方力量的参与，以构建起一个从宏观层面到微观主体、从行业整体到具体领域的严密网格化系统。

5.3 制度建设的总体思路

结合上文对产业组织优化中制度建设目标与重点的分析，从要素规模、技术水平、组织制度安排、契约关系，以及对外部环境的依赖等角度，提出优化农业及食品产业组织，加强食用农产品质量安全治理制度建设的总体思路。具体如下：

一是优化产业组织生产要素配置，实现有限资源下的最优生产组合，以提高食用农产品的产量和质量。

二是鼓励农户、农民专业合作社、农业企业等经营主体引进先进的生产技术，提升农产品生产过程的智能化、高效化和精确化。

三是建立健全食用农产品质量安全管理体系，制定相关法规和标准，明确生产、加工、流通等环节的责任与义务；建立食用农产品信息共享平台，实现政府、企业、科研机构等各方信息的实时共享，提升质量安全管理的科学性与及时性；建设全程追溯体系，要求企业对生产、加工、流通过程进行记录和追溯，以确保食用农产品的可溯源。

四是推动建立长期稳定的合作契约关系，推动产业链条协同发展，减少交易不确定性，提升食用农产品产业组织的稳定性，进而提升整个产业的效益和质量水平。

五是食用农产品质量安全的相关标准和制度需要根据国内外相关产业发展状况、市场结构的变化进行定期修订和更新，确保标准和制度的先进性和时效性。产业组织和经营主体也应根据相关政策法规、行业标准等制度安排，适时调整企业生产经营活动安排。

5.4　本章小结

本章在明确产业组织优化与食用农产品质量安全治理的制度建设目标与三个具体要求的基础上，结合之前各章研究结论，以及相关产业组织优化及食用农产品质量安全治理案例，分析探索了实现制度建设目标要求的四条路径，即四个动能转换，包括从强调食品安全转向同时兼顾营养健康的组织目标转换；从关注食用农产品本身性状，转向重视经营主体行为的对象转换；从终端食品检测，推进到前端行为规范的理念转换；从抽检与惩治，转向标准化推进的手段转换。最后，提炼总结出包含要素规模、技术水平、组织制度安排、契约关系，以及对外部环境的依赖等五个视角的制度建设总体思路，为优化农业及食品产业组织、提升食用农产品质量安全治理能力和水平，提出相应政策建议及保障措施奠定了制度基础。

第6章　治理能力提升与产业组织优化的经验及路径选择

6.1　国际发展经验比较

随着经济社会的快速发展与消费水平的提升，对食物的需求已经从吃得饱向吃得好、吃得健康转变。为提高食用农产品质量安全水平，各国都在积极探索符合本国国情的经验。本章通过比较分析，归纳总结了发达国家与发展中国家在优化产业组织，加强食用农产品质量安全治理方面的成功经验；通过案例分析，总结了国内成功经验，对提升中国食用农产品质量安全治理水平具有重要借鉴意义。

6.1.1　发达国家经验

目前，发达国家已经对食用农产品经营主体，包括大型公司、大农场、大型农产品销售企业等生产经营主体建立了全面的规范和激励体系。连锁责任制、高标准认证体系、全过程监管、标签制度等已经成为发达国家规范和治理农产品质量安全的主要手段。由于国情不同，各国在具体措施上存在一定差别，形成了各具特色的管理方式，但在总体规划上具有一定相似性。本节总结了美国、德国和日本等发达国家在优化产业组织、加强食用农产品质量安全治理方面的成功经验及采取的具体措施。

6.1.1.1　美国经验总结

（1）多元主体结构的治理体系

联邦政府、州和地方政府以及民间机构是构成美国食品质量安全监管体系的主体，政府部门与民间机构各司其职、相互配合，致力于食品安全监管体系的高效运转。政府部门主要负责相关标准的制定与实施、食品质量安全监管等方面，民间机构则负责食品安全信息宣传及教育、问题企业监督等方面。同时，政府还鼓励食用农产品其他相关利益主体（生产者、销售者、消费者等）的积极参与。在治理过程中，各部门各司其职，形成了完善的食用农产品监督治理体系。

从政府角度看，早在 2004 年食品药品监督管理局（Food and Drug Administration，简称 FDA）就公布了《食品安全跟踪条例》，明确要求所有涉及食品环节的企业建立相关食品流通的全过程记录表，并进一步要求各企业建立可追溯制度。一旦查出质量安全相关问题，追溯链条内的各经营主体都将承担相应责任，召回全部问题食品，并受到严厉惩罚。此外，生产和销售企业将会受到 FDA 更高频率的检查，如果企业违反法案将受到更加严厉的惩处。若故意违反有关“掺杂”或“错误标签”等规定，将会面临十年以下监禁。例如，美国 2006 年发生的菠菜细菌超标事件。消费者因食用从商场买的包装菠菜后，发生呕吐腹泻的情况。监管部门通过食品追溯迅速找到菠菜供应商并将其告上法庭，判罚结果要求该公司赔偿 4.27 万美元，并对其进行一系列的相关处罚。民间机构同样发挥着重要的作用，例如应用营养中心、食品安全与应用营养研究院、食源性疾病反应协作组等代表性组织，它们不仅对各类食用农产品企业起到了重要的监督作用，而且弥补了政府在食用农产品监管中专业知识的不足，对提升食用农产品质量安全治理水平起到了积极的保障作用。

（2）半官方性质的食用农产品协会

食用农产品协会是美国食用农产品质量安全治理机制的重要一环。美国食用农产品协会具有悠久的发展历史，自 1810 年在纽约成立第一家畜牧商协会起，已经发展了 200 多年。时至今日，各类农产品大都已成立相应协会，协会的发展规模及会员数量都有了质的提升，服务范围覆盖农产品上中下游全产业链，在食用农产品质量监管和治理方面发挥了重要作用。其传导路径为，政府为协会发展投入部分资金或直接和公司共同出资成立协会，给食用农产品协会注入官方性质的基因。由联邦、州政府和公司共同出资成立的美国西部农业贸易协会就是其中之一。该协会为农户提供诸如生产技术改进与指导、质量标准规范与统一、行业标准与质量认证，以及对食用农产品质量安全全程监管等服务，实现协会作为中间介质规范会员农户生产经营性行为的组织模式。

以新奇士橘农协会为例，不仅注重生产技术的创新，研发众多农产品质量标准与安全生产技术，而且还会对协会会员进行指导，以提升生产质量，最终促使不同会员的柑橘质量达到一致水平。在统一的技术标准下，新奇士橘农协会还会鼓励农场主采纳先进的技术与手段，提倡施肥与农药减量革命，推动果品品质的提升。此外，新奇士橘农协会还在柑橘的生产、加工和销售环节都建立了全面的质量监管体系，以书面的形式制定了要求与规则，并设立专门的质量监管部门对各会员、各环节进行定期检查。不仅如此，协会要求所有包装厂设置专门的检测人员，并对出厂前的水果设计专有标记，确保产品实现快速追踪溯源。

（3）食用农产品的认证与有机产业发展

食用农产品的认证与有机化是质量安全治理的重要措施，有效地从源头上保证了食用农产品的质量。一方面，美国政府鼓励生产商进行食用农产品质量认证，并对某些产品采取强制认证措施，另一方面又制定了严格的有机农产品认证标准。不仅要求农作物在认证前必须禁止使用禁用物品 3 年，还要求认证方递交详细的有机农产品生产计划，该计划既要包括所有生产过程、如何维护土壤肥力、如何实施轮作制度以及不采取某些施肥措施，还要求从事生产的农民记录所有栽培耕作过程，记录维持 5 年。此外，认证机构每年还要对生产者进行严格的检查，以确定从事有机农业生产者的各项耕作措施是符合其认证要求的，任何一个环节出现问题，认证方都会受到严格的惩罚。除有机认证外，HACCP 体系认证也被广泛推广和应用，并且在肉制品等加工企业被强制执行。美国政府以农产品认证方式为手段规范农场主和加工商的食品安全生产，并建立严厉的惩罚措施，确保农产品的质量安全。

6.1.1.2 德国经验总结

（1）全覆盖的食用农产品安全监管体系

德国是世界上最严谨细致的国家之一，为了保证食用农产品的质量与安全，德国不仅要求实现食用农产品生产、流通环节严格监督检查的全覆盖，而且要求食用农产品从生产、流通到分销直至消费者的餐桌上都必须保证食品的新鲜程度，否则将禁止进入市场。为此，德国建立了覆盖整个供应链的食用农产品监管体系。主要包括以下三个方面：

其一，建立了完备的食品安全监管分级负责制度。德国联邦食品与农业部（Bundesministerium für Ernährung und Landwirtschaft，BMEL）是德国食品安全最高行政部门，主要负责食品安全管理与法律的制定。联邦消费者保护和食品安全局（Bundesamt für Verbraucherschutz und Lebensmittelsicherheit，BVL）是德国食品安全协调与危机处理中心，主要负责食品安全的监管和审查工作。BMEL与BVL共同负责德国食品风险管理工作。联邦风险评估研究所（Bundesinstitut für Risikobewertung，BFR）是德国专门负责食品安全管理分析的部门，负责风险评估与风险信息发送等工作，各部门各司其职，形成了环环相扣的监管体系。其二，构建了运行高效、相互协作、统一协调的食品安全保障机制。自欧盟食品安全法规生效起，食品安全监督成为统一、透明的整体，一旦发现食品安全问题，各州监管部门将报告至BVL，由BVL进行全面分析并上报至欧盟委员会。其三，建立了覆盖从农田到餐桌的监测网络，保证了整个食物链食用农产品的质量安全水平。德国为确保食用农产品质量安全，要求所有食品质量安全保证措施必须覆盖食物链整体，每个环节必须证明产品原料来源并记录各种食品去向，以实现全链条可追溯。

（2）全面的食用农产品标准体系

德国形成了包括欧盟标准、国家标准、各州标准以及行业与协会标准的自上而下的食用农产品标准体系。这些标准对食用农产品相关企业形成了强烈的规范作用，并对食品链进行全过程的控制。欧盟标准作为国家执行的基本准则，包括了食品流通市场标准、贸易仲裁、质量体系认证等内容，国家标准、各州标准、行业标准则与国家国情及地方特色进行充分融合，实现对欧盟标准的补充，形成标准内容的层次递进，下级标准比上级标准更加细致与严格。

德国的食用农产品标准具有以下特点：其一，标准内容具体、可操作性强。内容不仅涉及生产、加工、存储、标签等环节，还包括了产品认证、出口检验以及取样分析方法等，具备很强的操作性。其二，标准的系统化与法律化。标准的制定与实施都尽可能地赋予了法律的依据和保证，贯彻了标准的权威性。其三，标准的大力宣传与快速普及。当德国出台新的标准体系后，往往会主动对食品安全相关主体进行广泛宣传及教育培训，积极引导相关主体领会标准核心内容，确保新标准与旧标准的有序更替及新标准的顺利实施。

（3）“企业自律”与公民参与

将企业自律明确纳入食品监督工作是德国食品监管体系的重要特征之

一。在德国，食品监督分为企业自律、监督抽样和样品检验三个部分。联邦政府要求各州针对三个部分制定详细的计划，一旦存在问题，各州主管部门应立即采取措施予以纠正，并视情况给予处罚。值得注意的是，德国要求企业对食品安全问题负全部责任，强调培养企业的责任意识与自律意识。不论企业规模、行业发展还是工业化水平，所有企业都必须进行食品质量安全的自我监督，建立自我控制体系。

政府还鼓励消费者广泛参与食品安全监督，对任何可能存在的问题，不论是药剂残留超标还是简单的食品标签有误，当地相关部门都必须予以接受与处理。此外，如果消费者买回家的食用农产品在保质期内出现变质等情况，也可以向当地有关部门进行举报，相关部门经过核验后向生产商提出赔偿要求，并增加监督与抽检频率。同时，政府还开设了“我们吃什么”等相关网站，网站内设置安全事件、安全教育以及安全信息等专刊栏目，帮助消费者增强食品安全意识，以此实现自下而上的安全监督。

6.1.1.3 日本经验总结

（1）全面的食用农产品安全追溯监管体系

随着社会的发展，日本根据不同时期社会出现的新情况，不断完善食品追溯监管体系。截至目前，日本涉及食用农产品追溯的法律包括了《农林物资规格化和质量表示标准法》《农产品检验法》《农药管理法》《肥料管理法》《日本药事法》《饲料安全法》《屠宰场法》《疯牛病控制特定措施法》《对识别牛的信息管理和信息传递的特定措施法案》《食品卫生法》《营养改进法》《可食性禽制品加工和检验法》《反不公平馈赠和误导法》《产品责任法》《计量法》《反不正当竞争法》《国内牛肉可追溯准则》等17部法案，全面覆盖了各种食用农产品的追溯与管理。

从2003年6月起，日本通过立法的方式明确了食用农产品的可追溯原则，实现了从生产到零售全链条的有效追溯。在政府的干预下，加工商、零售商等链条内的经营主体被要求提供相应的可追溯信息，针对相关违法行为，有关责任部门将根据情节轻重予以警告、罚款等方式进行处理。值得注意的是，在企业构建可追溯系统时，政府会给予企业一定的帮助和支持，一方面政府会通过担保或低息贷款等方式为企业解决资金难题；另一方面政府还将给予必要的技术设备，提供专业的技术指导，以帮助公司信息系统的快速建立及识别技术的高效掌握，最终实现产品的可追溯性。

（2）大力发展食用农产品质量安全认证

JAS、HACCP是日本主要的食用农产品认证标准，分别在不同的食用农产品中执行。JAS（Japanese Agriculture Standard，日本有机农业标准）认证作为日本食物农产品最高级别的认证，由国家政府机构批准的第三方机构进行检验和审核，是具备国家性质的认证标志，主要包括了质量保证认证、加工工艺认证以及有机JAS认证。所有的有机产品与原料只有遵从日本农业标准并获取JAS认证，才能在日本国内进行流通，并要求每年至少接受一次监督检查。违反这一规定的经营主体将受到严厉惩罚。例如，未获取JAS认证而擅自粘贴标志或假冒JAS认证的销售商，将被处以一年及以下监禁或100万日元的罚金；当注册商不能恰当使用商标或者注册机构不能满足认证标准时，农林水产大臣可取消其认证资格；当被公开曝光其违背认证标准时，将会对企业处以1亿日元的罚金。

除此之外，日本政府不仅强制要求国内生产畜禽产品和水产品的企业进行HACCP认证，还要求其严格按照HACCP标准进行加工。日本对通过HACCP认证的企业也从多方面给予政策支持。具体包括：第一，降低贷款利率。认证企业不仅只需支付1.65%的利息，还放宽还款期限至15年；第二，减免用贷款购置的房产所得税；第三，降低设备折旧率。生产设备降至14%，厂房设施降至7%；第四，由国家出资承担企业的监督与检测费用。可见，HACCP认证和农产品质量认证已成为日本农产品质量安全管理的重要手段，且逐渐被广大日本消费者所接受和认可。同时，通过HACCP认证和农产品质量认证的农产品比未认证农产品的市场价格更高，进一步激励企业开展质量安全认证，促进食用农产品质量提升。

（3）进口食用农产品管制体系

由于日本独特的地理因素和环境背景，难以实现资源的自给自足，每年需要向国外进口约60%的食用农产品以满足本国需求，进口食用农产品的质量至关重要。因此，日本形成了更加严格的进口食用农产品管制体系以保证产品质量。相关法律规定，厚生劳动省（Ministry of Health，Labour and Welfare，MHLW）负责对所有进口食品进行检疫，监控食品质量安全问题，针对不合格食品将直接就地销毁或拒绝入关。政府还设置了专门机构处理需求大或问题发生概率较高的食用农产品，提升此类产品的检查标准和力度。多次被查处的企业，政府将采取黑名单等方式拒绝向该企业进口任何产品。其次，日本《食品卫生法》规定任何食品若想进入日本市场则必须提交进口申报，如果进口食品及相关产品未进行申报的，将不能在日本市场进行销售。此外，日本政府还强调进口企业的自我监督，提前告知进口企业相关的农产品安全标准和要求，并通过实地检验调查的方式引导企业生产。最后，日本政府还提倡与主要进口企业在生产技术上进行合作，全力确保进口企业生产质量符合日本食用农产品安全标准，最终在进口食用农产品上达到确保食品质量安全的目的。

6.1.2 发展中国家经验

发展中国家在食用农产品质量安全治理领域起步较晚。与发达国家相比，在治理能力建设、治理体系构建等方面还存在一定的差距，但是由于各国国情不同，发展中国家也形成了众多特色的食用农产品监管方式。印度尼西亚作为农产品生产大国，主要的农作物和农产品包括水稻、玉米、大豆、木薯等，全国拥有近 5 000 个大中型食品加工厂和 77 000 个小型食品加工厂，是国家重要的支柱产业。因此，印度尼西亚食品安全监管体系较为完善和健全。印度在 2006 年颁布了《食品安全与标准法》，该法在充分参考了发达国家和国际标准的基础上，实行了监督管理、风险管理、多元措施和司法管理等四大变革，在食品安全治理体系的构建中发挥了重要作用。

6.1.2.1 印度尼西亚经验总结

（1）严格的食用农产品标准体系

印度尼西亚作为东南亚最大的经济体，食品支出约占公民总支出的 50%。在食用农产品标准制定与监管机构分工方面的经验，对其他发展中国家食品质量安全治理有重要参考意义。印度尼西亚的标准建设不仅重视市场化与国际化，还强调制定具有本国特色的标准。首先，印度尼西亚在原则上采用国际食品法典委员会（Codex Alimentarius Commission，CAC）制定的相关食品安全标准，又根据自身国情制定了 218 种独立的农药残留限量标准。企业生产农产品时不仅要参考 CAC 标准，还应考虑印度尼西亚自身的标准。其次，印度尼西亚不仅对食品中的细菌、化学残留等污染物质的种类和限量作出明确规定，还对食品中真菌毒素也作出了明确规定。主要包括六种，其标准涉及的种类和具体数量要超过我国，相对更加严格。此外，印度尼西亚针对进出口食品发布了相关规定，建立申报、检验、监控等严格标准，其中茶叶涉及的农药与重金属最大限量要求 18 项，包括联苯菊酯和铅等，其限量标准十分严格，有效规范了进口农产品安全性。

（2）严密的食用农产品监管措施

印度尼西亚的食品监管机构主要包括国家食品药品管理局、省级办事处、农业检疫局等，主要负责监管政策的制定与实施、危害物质、微生物的检查与评估以及进口植物源的审批检验等工作。此外，印度尼西亚要求所有生鲜食品的流通都需要经过农业检疫局的检验，检验通过后才可上市销售。印度尼西亚在食品监管方面形成了自己的特色措施，由卫生部和食品药品管理局联合发起了一系列活动，包括“远离有害食品添加剂”等。并且，政府在雅加达传统农贸市场开设 20 个诊所，为消费者提供免费的医疗服务、食品安全教育服务。诊所也会负责协助相关部门开展有害添加剂的检验与监督工作，辅助相关部门工作的顺利开展。同时，为保障食品安全，食品药品管理局还会对市场进行常规检查。在农贸市场方面，市场还会对员工进行培训，专门负责甄别市场中农产品是否含有食用有害食品添加剂，并定期向公众公示检查情况。一旦发现商户存在有害食品添加剂等问题，市场将立刻责令其进行整改，整改后如果再次被查出，则将取消其经营资格。此外，市场同当地诊所开展密切合作，举办相关活动对消费者进行安全教育。最后，市场设置投诉箱，方便顾客对违反相关规定的商户进行检举。以此发挥农贸市场在食用农产品监管中的重要作用。

6.1.2.2　印度经验总结

（1）建立统一的监管模式

过去，印度建立了以九部门共治为基础的食品安全体系，导致食品安全监管过程中存在权责范围重复、工作模糊不清的问题。后来，印度在充分参考发达国家和国际标准的基础上建立了统一的监管体系。在中央，成立了印度食品安全与标准局（Food Safety and Standards Authority of India，简称 FSSAI），是全国统一的食品安全监管机构。组成该局的委员来自各个领域，包括中央官员、食品科学家、农民代表、消费者代表等。其职能包括对食品的生产、流通等环节实行监督管理、制定相应的食品安全配套法律、向中央提供食品安全科学建议等。在地方，建立了包括食品安全干事、特派员、高级官员等在内的多层次监管机制。其中，食品安全干事则主要负责抽样送检、一线检查等工作；特派员由高级官员任命，主要负责食品从业者登记、颁发及吊销执照；高级官员由地方政府任命，负责调查生产组织是否遵守相关法律规定，并有权禁止食品的生产与流通。统一的监管模式不仅有效减少了由于多头监管所造成的推诿扯皮等现象，也缓解了多法冲突的局面。

（2）科学的食用农产品安全风险管理体制

科学性是印度食用农产品安全风险管理中的重要特征。印度食品安全与标准局（Food Safety and Standards Authority of India，简称 FSSAI）设立了由多个科学专家小组组成的科学委员会，主要负责讨论食品添加剂、杀虫剂及食品分析方法等食用农产品安全领域中的突出问题，并组织食用农产品生产者、销售者与消费者公开听证，对其意见进行修改与指正。在风险管理方面，FSSAI 会收集归纳有关食用农产品风险的相关数据，据此明确食用农产品风险分析、评估、交流与管理等程序，识别并快速反应风险危机，此外还参考欧盟食品安全法的相关规定，确立了风险预防原则，当可获取的信息能够证明存在科学上的不确定风险时，FSSAI 可根据比例原则采取临时风险管理措施，尽可能地保障健康风险水平。

（3）食品安全司法部门的专业化

构建高效的问题处理机制是建立食品安全体系的重要环节。针对问题处理机制，印度已建立了一套包括具备民事诉讼权利的食品安全裁判官、上诉事务的专责法庭、地方层面的治理司法机关及特设法庭在内的复合型司法体系，以专业化的步伐确保食品安全监管的执行力。首先，各邦政府可任命县治安法官担任裁判官，裁判官在审理裁决案件时享有民事法庭的权力。其次，中央和各邦政府可设立食品安全上诉法庭，以处理裁判官决定上诉的食品安全案件，需要注意的是，任何民事法院都不得干预或管辖裁判官以及上诉法庭所管辖的案件。最后，对处以一年监禁以下的案件，由治安法院根据相关程序进行审理。对造成消费者重伤或死亡的案件或判处 3 年以上监禁的案件，经高等法院同意，由中央或地方政府成立特别法院审理，委派不少于一人担任公诉人。经特别法院审理的，认为其不属于管辖范围内的，可进一步交由相关法院进行裁决。在严密的司法审查下，将进一步提高农产品监管效率，规范食用农产品从业者的安全生产行为。

6.1.3　经验小结

发达国家相对于发展中国家食品安全体系起步进程更早，形成了更加标准和严密的食用农产品标准体系，较早地实现了农产品追溯体系、有机认证等安全措施，并且以美国、德国、日本为代表的国家都根据国家国情制定了相应的特色做法。譬如，美国形成了普遍的半官方性质的食用农产品协会，将协会作为中间平台，从源头上具象地规范协会中各会员生产者的食用农产品生产行为。再如，日本进口食用农产品管制体系，不仅通过实地检验调查的方式引导企业生产，还提倡与主要进口企业在生产技术上进行合作，激励并引导企业走绿色发展道路。而发展中国家在参考和借鉴发达国家经验的基础上，一方面提升了本国食用农产品体系的标准与水平，另一方面也拓宽了本国食用农产品监管渠道，形成了诸如市场诊所、食品网站等特色产品，不仅实现了自上而下的食用农产品监管与企业健康发展的模式，而且也实现了由消费者自下而上的监督管理链条。从而确保食用农产品质量安全，有效提升农业产业长期绩效水平。

6.2　国内实践经验及典型案例分析

6.2.1　案例选择

本节重点对国内实践经验进行了典型案例讨论。选择的案例主要来源于《第十批国家农业标准示范区目标考核合格企业》《农业农村部办公厅关于推荐第三批农民专业合作社和家庭农场典型案例的通知》《关于开展现代农业全产业链标准示范合格》的单位，以及各省龙头企业中获得多项食品认证的优秀企业。案例的选择主要依据以下标准：①典型性。选取的案例在全国具有较大影响力，受到广泛关注和认可。②相似性。本书选取的农业产业组织在农产品质量控制上都具有较高水平且独具特点。③异质性。一方面，地域涉及面广，具有地域异质性。所选案例的地区分布覆盖我国各个省份，能较好地对比分析东、中、西部农业产业组织的食用农产品治理能力水平高低。另一方面，经营主体各异，具有农业产业组织模式的异质性。案例中的农业产业组织包括了企业、家庭农场以及合作社，有利于比较各种农业产业组织模式质量安全治理能力的异同。④资料齐全性和准确性。通过多种渠道收集案例资料，保证信息的完整性，有助于利用三角互证原则保证资料的准确性。

6.2.2 案例比较分析

首先，从横向比较来看，数字技术的高低在农业企业食品质量安全控制方面起决定作用。拥有全程追溯系统、产地管控等数字系统的企业，往往具有很高的质量安全管理能力。是否获得合作伙伴的协助与支持，是家庭农场有效控制食用农产品质量安全的关键，如果能够获得技术、经济以及管理各方面的支持，家庭农场很少会出现食用农产品质量安全问题。政府角色的转换是合作社有效把控产品质量安全的关键。

其次，从纵向比较来看，各生产经营主体食用农产品质量安全及其管理水平呈现出一定差异。根据核心影响因素和管理模式的不同，把企业、家庭农场和合作社分别分为三种典型治理模式：数字技术嵌入型、利益联结型和权威推动型。各种模式的特点见表 6－1。

表 6－1　三种典型产业组织模式特征与质量安全状态

指标	数字技术嵌入型	利益联结型	权威推动型
质量安全状态	品质优良，质量认证	质量安全可追溯，质量认证	质量追溯效果不佳
控制方式	数字嵌入	竞争＋合作驱动	政府管控
主导者	产地核心企业	农户群体	当地政府
价格决定	作为议会成员的二次加工企业决定最低价	随行就市	随行就市
激励约束策略	企业条约、市场、政府约束	合作伙伴、市场、政府约束	政府约束
政府角色	主要在食用农产品流通环节进行抽样检测	主要在食用农产品流通环节进行抽样检测	全程参与食用农产品产前、产中和产后检测管理

资料来源：调研案例整理。

数字技术嵌入型是指在食用农产品质量安全管理过程中，主要依托数字技术进行质量安全检测，在运营模式上形成“产业组织＋农户＋市场”的组织特征。数字技术嵌入型的质量安全状态最优，依靠企业、市场、政府约束各产业经营主体食用农产品质量安全管理行为。生产流通环节的主体为产地企业和农户。流通环节采购商的博弈是以农产品质量安全作为对生产者的约束，政府则主要在流通环节对农产品进行抽检。

利益联结型是指在食用农产品质量安全管理过程中主要依靠行业合作与竞争方式驱动，在运营模式上形成“产业组织合作＋市场”的组织特征。利益联结型的质量安全水平处于中间状态。生产流通环节主要表现为农户参与种植养殖，企业与合作社负责收购、加工和产品销售。主要依靠市场竞争、协同合作以及政府管控约束产业组织食用农产品质量安全行为，政府同样在流通环节主要对农产品进行抽检。

权威推动型指在食用农产品质量安全管理过程中主要依靠政策推动进行质量安全检测，在运营模式上形成“政府＋产业组织＋市场”的组织特征。权威推动型质量追溯效果不及上述两种组织模式。生产流通环节的主体为市场供应商、商户、管理方、政府，主要依靠政府约束产业组织食用农产品质量安全行为。政府全程参与食用农产品产前、产中和产后产品检测管理。

虽然三种模式存在差异，但是不同模式各有优势。下面分别对不同模式的成功案例进行分析和讨论，为进一步优化农业产业组织、提高农产品质量安全治理能力，提供可借鉴的经验。

6.2.3　典型模式中成功产业组织模式及其运行机理

（1）数字技术嵌入型

重点选取了北京天安农业发展有限公司的发展经历作为数字技术嵌入型的典型案例，详细分析数字技术嵌入型农业产业组织在控制食品质量安全中的经验。

北京天安农业发展有限公司成立于 2006 年，集蔬菜生产、初级加工、鲜切加工、物流、销售于一体。2008 年开始引入生产管理、ERP（企业资源计划）管理、OA（自动化办公）系统、质量追溯等十一个全程信息化管理系统，形成了覆盖全产业链的管理体系和管理机制。目前是北京市第一家实现蔬菜全程安全追溯的公司。其中，天安农业“小汤山”蔬菜以高度标准化、全程可溯源而知名。

在农产品质量控制方面，北京天安农业发展有限公司对质量安全控制关键节点进行全面摸排，对易出现质量安全问题的环节进行重点控制。同时，通过数字技术实现养殖户、加工企业与贸易商的垂直化联结。该公司对农产品质量安全的控制贯穿整个蔬菜产业链上、中、下游各环节。具体体现为图 6-1。

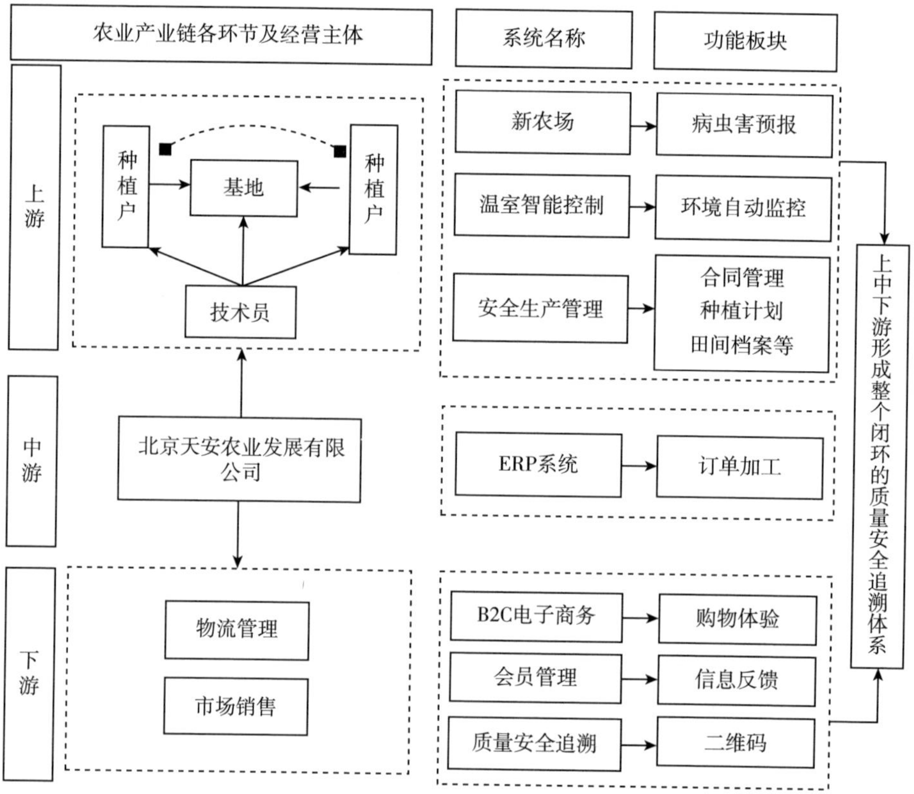

图 6-1　北京天安农业发展有限公司质量安全追溯体系

首先，对上游的控制。利用新农场系统、温室智能控制系统和安全生产管理系统，对蔬菜的生产种植环节进行管理和管控。新农场系统应用可以及时进行病虫害预报，减少产品损失。温室智能控制系统，可以记录棚内温度和土壤温湿度、二氧化碳浓度等重要数据。根据环境信息，对风口、温控、灌溉等设施进行自动控制，以达到适应作物生长的最佳环境。安全生产管理系统的田间档案可以进行在线填报，生产者通过手机，可实时填报田间档案，包括种植日期、种植面积、所处阶段、施肥信息、投入品使用信息等。尤其是投入品使用，系统要求生产者准确录入药品名称、有效成分、施用部位、施用量、稀释度等与质量安全息息相关的重要信息。在农药安全间隔期，系统自动与采收行为形成关联，针对安全间隔期内的采收行为进行报警，有效保障了蔬菜质量安全。在整个管理过程中，基地、生产者、棚室、物料都采用唯一编码。此编码为生产端到销售端的唯一编码，成为质量安全追溯的基础。生产管理系统还广泛应用于“企业＋生产基地＋生产者”模式，可实现确认产量合同、智能排产、避免因排产不当造成供不应求或市场积压，保证了生鲜农产品品质与新鲜度。

其次，对中游的控制。利用ERP系统和OA系统对蔬菜的加工环节和企业管理进行管控。2008年，该公司与德国应用软件提供商思爱普（SAP）公司合作，开发了企业ERP系统，用于积累蔬菜生产、加工、销售等核心数据。2018年上线的OA系统，将企业或合作单位中每一个角色进行定义并分配权限。每个环节的责任主体在系统上有清晰的记录，便于查找核对，对于各类事项的过程控制起到了关键作用，有效提升了跨部门协作的透明度与有效性。

最后，对下游的控制。利用B2C电子商务系统、会员管理系统（CRM）和质量安全追溯系统，对蔬菜的物流管理和市场销售进行管控。B2C电子商务系统包括电子商务平台、移动电子商务平台、社区（集团）电子商务平台三个方面，为消费者提供更广泛、更方便的蔬菜购物体验。消费者可以在会员管理系统（CRM）中对产品进行反馈，便于增强客户满意度，增加顾客黏性，从而产生复购，提升品牌形象。

综上所述，北京天安农业发展有限公司形成了上中下游闭环的质量安全追溯体系，且在整个食品控制过程中，都反映了以数字技术为依托的质量安全追溯体系对提升农业产业组织的食用农产品质量安全治理能力的重要性。

（2）利益联结型

利益联结型的典型案例包括广东省乳源瑶族自治县桂花香家庭农场、长沙众益农业开发有限公司、河南省温县九五外婆珍果园家庭农场等。与农业企业相比，目前中国大部分家庭农场缺乏充足的资金，导致技术研发动力不足；且多数农场主素质普遍不高，品牌建设与农产品质量安全意识相对薄弱。相比于合作社来说，家庭农场缺少政府的大力支持，农产品市场份额大部分被企业和合作社占领，使得家庭农场难以长期维持有效竞争力，不得不选择退出市场。因此，为有效提升自己的市场竞争力，很多家庭农场选择加强与企业或者合作社的合作，以寻求资金、技术、渠道等多方面支持，有效提高自身食用农产品质量安全管理能力。

福建省永安市小陶金山家庭农场成立于2013年，是典型的利益联结型产业组织模式。家庭农场通过与当地农业企业签订合作协议，建立了稳定的合作关系。合作前，公司专业技术人员对小陶金山家庭农场进行了种植环境评估，以保证农产品能够达到公司收购标准。合作期间，公司根据小陶金山家庭农场的具体情况，制定了弹性交易条件。通过与企业的合作，小陶金山家庭农场获得了各方面的支持。例如，2018年合作企业为小陶金山家庭农场提供了数字支持，销售的大米及食用菌产品实现了“一品一码”，农场因此得以入驻福建省农产品质量安全可追溯平台，实现全程可追溯管理。此外，企业还帮助其注册了“永陶湖”商标，生产的黑米、红米、香米等全部进行统一品牌、统一包装，提高了产品品牌附加值。作为利益联结型的典型代表，小陶金山家庭农场在提高农产品质量安全水平方面的实践经验值得借鉴。

(3) 权威推动型

合作社作为承担政府农业政策的重要组织主体，政府的扶持与推动是合作社发展的重要驱动力。主要体现在三个方面：一是干部挂帅。由基层党组织干部牵头成立合作社，赋予合作社“政治势能”。二是党组织推动。由党组织统筹规划，推动工作开展。三是推进行政部门协同治理。形成主要部门牵头、关联部门合作的多部门质量安全协同管理体系，打破部门壁垒。尽管农民专业合作社仍存在经营规模小、实力弱，质量安全治理能力相对偏低的问题，但通过加快转变政府职能、提升政府治理效能，仍能有效提高食用农产品质量安全治理水平。成功案例包括：广西壮族自治区南宁市兴宁区养殖合作社、四川省蓬溪县裕丰农作物种植专业合作社、青海省西宁市湟源申中旭云家庭农场等。以下重点选取了河北省秦皇岛小江蔬菜专业合作社进行案例分析，探讨政府主导产业组织如何有效提高农产品质量安全治理水平。

河北省秦皇岛小江蔬菜专业合作社成立于2011年，社党支部书记为法人代表。合作社在食用农产品质量安全控制方面的特点主要表现为通过党政带头，把控重点环节，充分发挥了高校智囊团的作用。一是党政带头的管理组织模式。河北省秦皇岛小江蔬菜专业合作社实行“五统一”管理。当地政府规定合作社需要规范使用食用农产品合格证，实现出库蔬菜每包一证一码，要求通过合作社销售的农产品抽检合格率达100%。二是把控重点环节。在农产品整个生产过程中，合作社重点把控生产端，统一使用公司自主经营的种子、农药、肥料进行病虫害科学防控，实现了农药减量35%以上。三是充分发挥高校智囊团的作用。合作社通过加强与当地科研院所和农资研发企业的合作，承建省级农业创新驿站与区级蔬菜品牌专家工作站，组建生姜蔬菜技术服务群，为合作社的农产品质量安全把关。同时，开设“小江学堂”，给合作社的农户讲解如何合理施用化肥，如何使用平台记录生产过程等，增强农民食品质量安全意识。至2022年“小江学堂”开展了16场次培训班，培训人数达2 000余人，开展田间地头服务面积达1 000余亩。

河北省秦皇岛小江蔬菜专业合作社的发展，依靠政府权威力量聚集了政府、合作社、高校与科研院所等力量和资源，通过各方力量协同合作，在加强合作社农产品质量安全控制方面取得了突出成效，是权威推动型产业组织实现农产品质量安全有效治理的代表。

6.3　有效路径及选择依据分析

通过典型案例的比较分析，可以看出三种组织模式在优化产业组织，提高食用农产品质量安全治理方面各有特点。①数字技术嵌入型垂直网络模式，借助信息技术和大数据平台等工具，建立全过程食用农产品质量安全控制系统，包括产前农资投入控制、产中化肥农药控制以及产后溯源，以数字提升品质，体现了数字化对于农业产业组织提升农业产业组织的食用农产品质量安全治理能力的重要性。②权威推动型政府管理模式，体现了政府扶持、合作社组织与高校智囊团参与在提升食用农产品质量安全治理能力中的核心作用，也体现了干部挂帅、党组织推动和各部门内部资源整合和协助的重要作用。③利益联结型合作联结模式，体现了家庭农场应对外部压力的主动回应和内部结构灵活调整的优势。上述三种路径都有助于通过优化农业产业组织提升食用农产品质量安全治理能力。而激励产业组织加强食用农产品质量安全控制的原因，可以总结为：经营主体经济利益的激励、技术专长与长期战略伙伴的带动、产业经营主体资源的整合与优化，以及政府对产业组织监管效率及效果的提高等四个方面。

6.3.1 经济利益激励经营主体加强食用农产品质量安全管理及风险控制

质量安全是食品企业的生命线，对维护农业及食品产业经营主体权益、保障长期稳定收益，确保食用农产品质量安全至关重要。然而，在农业及食品经营主体缺乏稳定持续的经营收益保障下，消费者为高品质农产品购买及支付意愿不足，会给经营主体加强食用农产品质量安全风险控制带来消极影响。此外，由于食用农产品兼具经验品与信用品的特性，导致农产品市场中出现“柠檬市场”效应，即不法生产者的不法行为会打击其他遵循质量安全规范的农业及食品生产者保障食品质量安全的主动性和积极性，使存在问题的劣等品逐渐占领市场，导致整个食用农产品市场质量安全水平的下降。结果必然对守法企业保持长期稳定收益造成不利影响，降低企业加强食用农产品质量安全控制的积极性。

在三种组织模式中，经济利益激励主要作用于数字技术嵌入型—垂直网络模式。此类产业组织模式数字化水平高，控制农产品质量安全的目的在于获得更高收入。其主要作用路径有两种：市场机制与关系治理机制。其中以市场机制为主，关系治理机制为辅。市场机制在该组织模式的交易关系中发挥着主要作用，无论是交易的建立、持续和结束，价格在一定程度上几乎是决定性因素。比如案例中的北京天安农业发展有限公司，投入了大量资金用于质量安全管理及风险控制设备的提升，目标在于保障企业稳定获得更高经济收益。

6.3.2 技术专长与长期战略伙伴带动经营主体加强质量安全控制的合作

数字经济时代，数字技术正成为加速产业组织优化、提高农产品质量安全治理水平的核心动力。通过案例分析，提出了几种有效的数字技术路径。具体包括：在生产端，建设大型种植养殖示范基地，配备全程信息化管理系统，设立农业生产端农场管理系统、温室智能控制系统以及安全生产管理系统；在消费端，设立 B2C 电子商务系统、会员管理系统（CRM）以及质量安全追溯系统等。

建立长期战略伙伴关系，有利于提高经营主体加强质量安全控制的合作能力。通过“公司＋基地＋合作社＋农户”的产业组织模式，有助于解决农产品原料供应数量及质量不稳定，价格波动大造成交易成本增加的问题。随着农产品市场的不断完善与发展，农业及食品企业与种植养殖农户之间通过签订订单合同逐渐建立起固定的关系网络。合同中对产业经营主体各方权责义务、生产标准、收购价格、供给数量等作出了详细的规定，同时保证了农户生产决策过程的独立性、自主性。此外，利用农业经纪人帮助公司联系养殖户，沟通农产品原料收购的数量与质量信息，形成“企业＋农户”“企业＋经纪人＋农户”的交易模式，可以有效降低由于交易产品质量的不稳定而产生的额外成本，帮助农产品加工企业获得稳定且优质的农产品原料。

6.3.3　产业经营主体通过资源整合与优化，加强食用农产品质量安全治理

提高食用农产品质量安全治理水平需要足够的资源保障，包括由土地盘活、资金整合、人才聚合等形成的经济资源。有效整合资源、保障农产品质量安全的过程，也是动员各方力量实现价值共创行动的互动过程。根据案例分析结果，农户在整合经济、土地和人力资源方面，可从合作社获得帮助或者向政府申请资金；合作社利用“企业＋合作社＋农户”的模式，在解决资金、人力和土地资源的整合方面更有优势。农业企业利用“农业经纪人”、合作社以及“专家团”等，在整合资金、土地和人力等资源方面，也展现出自己的优势。

在整合资源、优化产业组织过程中，农业企业通常发挥着主体作用。企业在签订合同时，对种、养殖户的人力、土地等资源进行评估，以保证种、养殖户达到企业资源有效整合的基本要求；并在合同中约定合作农户应为合作社社员，以引入合作社的组织优势；同时，建设大型种、养殖示范基地，以构筑“公司＋基地＋合作社＋农户”的产业组织模式。在经营过程中，企业可以根据自身经济实力，配备全程信息化管理系统，在生产端和消费端引入先进数字技术，并邀请高校、科研机构等智囊团提供技术指导，加强先进生产技术和现代经营管理知识的培训等，有效提高食用农产品质量安全治理水平。

6.3.4　加强政府对产业组织监管以提高食用农产品质量安全治理水平

在权威推动型组织模式中，政府对食用农产品质量安全监管的重心从“制定公共标准”转向“参与食品安全治理”。政府利用权威聚集各方资源，为加强农产品质量安全风险控制提供平台和制度保障。在“公司＋村党支部＋合作社＋农户”的组织模式中，重视发挥村党支部第三方治理作用，在

一定程度上克服了合作社内部激励不足的问题。

此外，作为政府加强食用农产品质量安全事后监管的重要措施，经济处罚在治理体系设计中体现了制度的威慑力。它对三种产业组织模式均可以发挥有效作用。首先，政府监管部门行使权力对质量安全失信行为经营主体进行惩处。如果生产经营主体在农产品质量安全上出现失信行为，失信严重的经营主体营业执照年检将不予通过；其次，经营主体如果存在失信行为，将影响其与合作伙伴的合作关系。双方可根据契约内容规定中断合作。包括以不正当手段扰乱交易市场，不如期履约等违约违规行为，企业或合作对象可以暂停交易，且要求进行经济赔偿。农业经营主体会在双重经济惩罚之下，主动加强对食用农产品质量安全管理及风险控制。

6.4 本章小结

通过对国际经验的总结可以看出，相对于发展中国家而言，发达国家在食品质量安全治理能力及制度建设方面起步早，已经形成了具有多元主体参与特点的治理体系，并建立了覆盖供应链全程的全面、完整、严格的食品标准体系和监管制度。特别是在加强食用农产品质量安全治理方面，较早建立了以培养企业自律，突出行业协会规范作用，鼓励公民参与为特点的多元治理机制，构建了有效的农产品源头追溯系统，以及生产环境及农产品有机认证体系。发展中国家在参考和借鉴发达国家经验的基础上，结合自身经济发展水平、农业及食品产业发展特点，通过不断统一监管模式，实施严密的监管措施，提升执法的专业化水平，推行科学的风险管理措施，建立严格的标准体系等，形成了符合国情特点的食用农产品质量安全治理模式。不仅促进了农业及食品产业健康、有序发展及组织结构的升级，还通过在自上而下监管体系中引入消费者和公众参与机制，提升了本国食用农产品质量安全治理水平。

通过对典型案例的讨论，进一步总结国内实践经验。归纳提出了三种有助于提升食用农产品质量安全治理水平的产业组织模式：数字技术嵌入型、利益联结型与权威推动型。其中，数字技术嵌入型模式借助信息技术和大数据平台等工具，建立全过程质量安全风险控制系统，体现了数字化在优化农业产业组织，提升食用农产品质量安全治理能力中的重要性。权威推动型强调了政府扶持、合作社组织与高校智囊团参与，在优化产业组织、提升食用农产品质量安全治理能力中的核心作用。利益联结型体现在家庭农场在对外部压力的主动回应和内部结构灵活调整的战略上。三种路径都可以提升农业产业组织的食用农产品质量安全治理能力，具有“殊途同归”的特点。

第 7 章　优化产业组织与提升质量安全治理能力的政策建议

7.1　产业组织优化建议

7.1.1　优化市场结构，提升食用农产品质量安全水平

（1）提升食用农产品产业化发展规模和水平，拓展销售空间和渠道

在产业化发展过程中，通过实现规模化和专业化生产，可以提高食用农产品的产量和质量，为市场提供更多、更好的产品。同时，产业化发展还有助于提高农产品的附加值和市场竞争力，进一步扩大市场销量。

第一，通过建立稳定的原料基地，推广先进的种植技术和管理方法，确保食用农产品的生长环境、农药使用、采收加工等环节符合质量安全标准，减少污染和农药残留等问题，并加强对品种的改良，包括外观、口感、营养成分、安全性和加工工艺等，以提升农产品附加值。第二，鼓励、监督企业建立完善的质量管理体系和追溯机制，对食用农产品从种植到销售的全过程进行监控和记录，确保食用农产品在出现质量问题时能够及时追溯和处理，从而保障消费者的健康和权益。第三，通过品牌建设、营销推广等手段，将优质食用农产品推向更广阔的市场，提高其知名度和美誉度。例如，利用各种展览会、博览会等机会全面宣传本地独特的资源、气候、生态和人文环境特点，树立食用农产品绿色、安全、无污染、营养、保健的整体形象，培育食用农产品知名品牌。同时，利用互联网、电商平台等新型销售渠道，拓展销售空间，提高食用农产品的市场占有率。第四，政府通过政策引导，完善县域统筹，建立以县城为中心、乡镇为重点、村为基础的现代农村商业体系。同时推动商贸流通企业转型升级，鼓励和支持有实力的商贸流通企业下沉供应链，为乡镇商业中心和村级商业网点赋能，实现“一点多能”，提升管理水平，促进连锁化经营，提供集中采购、统一配送、库存管理等服务。

（2）优化食用农产品经营主体，维护市场竞争秩序，筑牢民生底线

在食用农产品市场中，经营主体规模不一，经营行为也各不相同，这可能导致市场出现无序竞争、价格波动等问题。通过优化经营主体，可以提高经营主体的组织化程度和市场竞争力，从而减少无序竞争和价格波动，维护市场的稳定和秩序。

第一，针对大规模经营主体，应防止出现垄断现象，注重提升技术和管理水平，引进先进的生产技术和设备，提高生产效率和产品质量，加强管理创新，完善内部管理体系和流程，提高企业整体运营效率。注重多元化经营，不断拓展新的业务领域和产品线，降低经营风险，提高企业整体盈利能力和市场竞争力。第二，针对小规模经营主体，应加强合作和联合，通过成立合作社、联合体等组织形式，提高组织化程度和协作能力，增强市场竞争力。鼓励规模化经营，统一采购生产材料、统一组织生产、统一销售食用农产品，确保食用农产品的生产过程符合质量安全标准，从而提升农产品的质量安全水平。同时，应注重规范内部管理，建立完善的组织架构和管理制度。政府应该加大对小规模经营主体的扶持力度，通过加强金融服务和小微企业融资体系建设，为其提供政策优惠和资金支持，帮助其扩大规模和提高效益，为小规模经营主体提供更好的融资环境和条件。第三，政府应加强对食用农产品市场不同经营主体规模与竞争秩序的监管，严格把控价格欺诈、恶意扩张垄断等不正当竞争行为。建立健全的市场合理竞争机制，确保市场有序的竞争秩序，加强对市场主体的培训和指导。

（3）依据农产品质量安全组织管理特征及需求特点，积极化解供需矛盾

一方面，随着人们食品安全意识的提高，农产品质量安全问题成为关注的焦点。管理方需要不断完善质量控制体系，加强安全监管，以确保产品质量和安全。另一方面，市场竞争激烈，但产品同质化严重，农产品市场存在供需失衡的现象。因此，管理方需要根据市场需求和消费者特点做好市场服务工作，鼓励企业开发具有差异化竞争优势的产品与服务，提高市场占有率。

第一，政府根据市场与消费者需求，引导企业优化食用农产品的生产组织方式。例如，采用订单农业、合作农业等方式，实现生产与需求的有效对接，减少中间环节，提高产销效率。建立健全的信息共享机制，促进生产

者、销售商和消费者之间的信息交流。通过及时获取市场需求和消费者反馈，调整生产计划和营销策略，提高供需匹配度。第二，政府应深入了解不同经营主体的管理特征。可以通过对不同经营主体进行调查和访谈，了解其管理理念、组织架构、决策机制、生产流程等方面的特点；收集和分析不同经营主体的数据，包括财务数据、销售数据、质量安全检测数据等。通过数据分析，可以发现经营主体在管理方面的优势和不足，为其提供有针对性的改进建议等。在实施农产品质量安全保障政策的同时，也要注意平衡供需情况，保证农产品价格和供应数量稳定，满足人民群众对高品质食用农产品的需求。第三，不同地区、不同品种的农产品质量安全需求不同，需要根据具体情况制定相应的管理措施。通过市场调查，了解农产品市场需求特征与消费者对食用农产品品质偏好的特点。可以采取问卷调查、访谈、观察等方式，收集消费者的意见和反馈，以更好地掌握市场需求及变化趋势。同时建立健全信息反馈机制，鼓励消费者和农产品生产经营者及时反馈农产品质量安全问题。通过设立投诉渠道、建立信息平台等方式，收集和处理相关信息，及时发现和解决问题。加强农产品质量安全宣传教育，提高消费者对农产品质量安全的认知度和辨别能力。通过数字媒体宣传、发放宣传册、讲座等方式，普及农产品质量安全知识，引导消费者在农产品消费过程中做出更加安全和理性的决策。

（4）完善食用农产品质量安全标准，严格规范市场准入及进出口壁垒

食用农产品质量安全标准是保障消费者健康和权益的重要手段，也是促进农业产业升级和可持续发展的重要支撑。然而，当前食用农产品市场存在标准不统一、信息不透明、认证体系不完善和法规执行不严格等问题，制约了农业及食品产业的健康发展。因此，完善食用农产品质量安全标准，严格规范市场准入及进出口壁垒，成为一个亟待解决的问题。

第一，应加强标准制定和修订工作，逐步实现全国范围内标准的统一化，降低企业进入市场的技术门槛。保证农产品符合卫生标准和营养要求，减少农药残留、重金属污染等危害人体健康的风险。对现有的标准进行梳理和修订，确保标准能够涵盖农产品生产、加工、储存、运输和销售等各个环节的质量安全要求。根据国内外农产品市场的变化和消费者的需求，及时更新和完善标准，确保标准的科学性和适应性。第二，建立完善的信息披露机

制，加强质量安全信息的公示和宣传，提高市场信息的透明度。可以利用互联网、移动终端等现代通信技术，推广信息披露的技术手段和渠道，提高信息披露的效率和便捷性。建立信息披露平台，方便投资者和其他利益相关方获取和理解企业信息。利用社交媒体等新兴渠道，加强与利益相关方的互动，提高市场响应速度。第三，加强认证机构的建设和管理，提高认证的权威性和公信力，使更多的企业能够通过认证进入市场。认证机构应具备相应的资质，定期进行资质审核，包括权威的认证资格、专业的技术团队和丰富的行业经验等。认证机构应定期更新设施设备和检测技术，以确保其始终处于行业前沿。认证机构要建立完善的人员培训和考核机制，确保其工作人员具备专业的技能和知识。第四，加大对违法违规行为的打击力度，营造公平、公正的市场环境。对于不符合标准的农产品，应禁止其进入市场，防止其危害消费者健康。加强对农产品生产者的监管，确保其按照标准进行生产，提高农产品的质量安全水平。

7.1.2　加快农业产业高质量发展，提高食用农产品质量安全治理能力

（1）加快现代农业发展，促进农业绿色化、标准化

对农业绿色化发展而言，首先，要贯彻农业绿色发展理念。强化对农业生产者、消费者及流通服务业等相关主体的农业绿色化发展思想，从绿色生产、绿色消费及绿色支持三方面推动农业绿色发展。其次，要强化农业绿色发展机制保障。要健全相关法律法规和监督考核机制，加大对农业绿色生产行为的监督及农业生态环境污染行为的惩罚力度，将农业绿色发展纳入地方政府的考核中，严格落实相关责任。最后，要注重新型经营主体建设。发挥新型农业经营主体作为农业现代化发展载体的积极作用，对现代农业园区建设、合作社及家庭农场等农业经营组织采取针对性帮扶措施。

对农业标准化发展而言，首先，要积极推动农产品生产基地建设，强化标准化模式组织农业生产。鼓励按照“公司＋基地＋标准＋农户”的产业化经营模式，实行统一供种苗、统一供农药化肥、统一病虫防护、统一实施质量监控、统一收购加工标准的全链条标准化。其次，健全农业企业标准体系。引导企业在农产品供应链生产与流通环节有效执行国家标准、地方标准和行业标准，鼓励企业主动制定更加契合自身发展阶段与实际需要的企业标准。最后，积极开展农业标准化试点示范项目建设。开展农业标准化试点，

在农业生产领域运用标准化原理和方法规范生产、经营服务和管理活动。同时，以试验为依据，建立示范的农业标准化体系，并将其在全国范围内推广，以达到示范引领、辐射带动的目的。

（2）提升产业自主创新能力，提高质量安全治理有效性

第一，在产业自主创新的初级阶段，企业可以凭借内部发明、自主研发等方面的独特竞争优势，挖掘产业组织内部能力以形成核心能力体系。即重视人才培养与研发投入，提高内部发明能力；建立研发组织和流程体系，提高自主研发能力，从而推动食用农产品品质及多样性的提升。第二，在产业自主创新的中级阶段，通过设定创新战略目标，多次优化战略过程并进行自主研发，打造技术竞争优势，对创新成果进行开发并在实践中不断检验，为企业输出创新成果奠定基础。即紧抓市场机遇和技术内化，提高外部吸收能力；重视资源整合和共享输出，提高资源集成能力，从而提升应对食用农产品质量标准的能力。第三，在产业自主创新的高级阶段，既拥有“由外至内”的创新，也有“由内至外”的创新，在这种双向开放式创新模式下，经营主体与外界的合作与交流将达到更高层次，通过整合外部创新资源使其更好地融入组织内部，实现战略性知识的输送与合作。即明确核心能力和创新方向，提高创新核心能力；创新机制整合和交流机制，提高创新机制能力；加快实现多元化模式创新，提高创新实践能力，从而提升食用农产品质量安全治理的能力。

（3）提升产业组织的资本、技术密集度，增强质量安全管理能力

当前，以劳动密集型为主导的食用农产品企业仍占据大多数，劳动效率低下、人工成本较高是当下众多企业面临的难题。为此，应合理引导产业结构优化升级，推动以劳动密集型为主的食用农产品企业向资金技术密集型方向演进，激励食用农产品企业以人力为基础向以高新技术为基础转变，提升企业生产效率及产品质量。其实现路径主要有以下三点：

一是政府要坚持企业是科技创新与产业结构转型升级主体的原则，帮助企业掌握核心技术并建立自主品牌，为企业提高创新能力提供完善的公共服务和政策保障。二是鼓励企业主动加强数字经济与企业发展的深度融合，提高企业基础能力与基础设施建设能力，打造适应现代农产品市场需求的新产业、新产品与新发展模式。三是要加速推进产学研一体化进程，将高校教

学、科研院所与研究机构的研究成果与社会实践相结合，鼓励企业以多种形式与学校等开展项目合作。同时，企业应充分利用高校、科研院所与研究机构的科研资源，营造企业与学校科研人员共同科研的氛围，在有效实现生产技术与科技创新的同时，促进高校学生的理论知识与实际工作的结合，真正打造互利共赢的校企创新人才基地。

（4）促进农产品精深加工，实现企业向高加工度方向发展

由于当前产业结构不合理，加工能力弱，严重制约了农产品产业链的延长、农产品附加值的增加以及市场竞争力的提高。基于此，提高食用农产品加工程度具有重要意义。

一是科学规划、合理布局农产品加工业发展的产业体系。立足农产品加工业发展的现状和基础，着眼长远发展，合理布局农产品加工业产业体系，引导农产品加工业向优势产区集中，提高农产品精深加工业产业聚集度。二是突出重点，积极培育农产品加工骨干龙头企业。围绕提高农产品精深加工和综合加工能力，集中资源、集中投入、集中帮扶，尽快做大做强、做优做精一批农产品精深加工骨干龙头企业。三是加快发展农产品精深加工，将农产品加工成高附加值产品。鼓励企业加大农产品开发能力，增加产品的科技含量和附加值，延伸产品链条，提高精深加工比重，鼓励支持企业与科研院所、高校共同建立研发机构，推动产学研结合。四是强化金融支持。加强对农业企业的支持，采取贴息、补助等措施，支持有市场潜力、有发展意识的企业做强做大。探索财政出资建立企业周转和应急纾困基金，用于满足企业原料集中采购等紧急资金需求，解决企业燃眉之急。

（5）依托三产融合发展，促进质量安全管理的交流与合作

一是要创新产业发展新业态，加大农产品从育种、种植到采收、加工、运输、仓储，再到销售等产业链中各环节的技术升级和技术推广，并逐步推行乡村旅游、农家乐等多样化经营发展模式，打造集生态观光、文化体验等多元化功能于一体的农业产业体系及企业发展体系。二是要建立农产品产业信息化服务平台，加强农业与数字经济的深度融合，推动“互联网＋农业”发展，以此推动农业生产资料快速流通，促使农业生产、农产品加工、流通以及销售实现智能化、信息化发展，实现一产与二、三产业的融合发展。三是要加强品牌建设，提升农产品及区域产业集群的市场影响力和竞争力，从

而有效推动企业间质量安全管理的交流与合作。企业在加强品牌建设的过程中要明确特色农产品区域品牌的文化定位，实现精神内涵与区域品牌相融合。同时，在品牌经营过程中，应大力培育区域文化价值理念，打造区域文化核心竞争力，用文化来提升食用农产品的品质安全及市场价值。

7.1.3 调整食用农产品供给结构，提升食用农产品质量安全管理水平

（1）完善食用农产品供给结构，提高农产品从数量向质量的转变

合理的食用农产品供给结构能促进农产品从数量向质量的转变。具体措施包括：一是要科学规划生产布局，提高供给环节效率。政府要落实粮食生产行政负责制，稳定粮食总产量，同时，要增加经济作物种植面积，提升经济作物在种植业中的比重，提升农业生产经济效益及农产品的品质安全；对于畜牧业，规范建设国内饲料监管体系，增强饲料供应的优质化和现代化，同时明确养殖区、限养区和禁养区的划定标准，实现畜禽肉供给环节经济效益与生态效益的兼顾。二是要坚持质量兴农理念，增加优质农产品供给。政府要健全农产品质量和食品安全标准体系，鼓励产业内部组织通过发展优势特色产业、推进“三品一标”建设和引用先进的农业生产技术等手段引领优质食用农产品的供给，积极发挥地域、资源等禀赋优势，找准优势特色农产品，打造具有较强地域特色的支柱产业，满足市场多样化、个性化的农产品消费需求，优化食用农产品供给结构，促进农产品需求结构从数量向质量的升级。三是大力发展生态循环农业，推行绿色生产方式。政府要加强重大生态工程建设，鼓励产业内部组织采用绿色生产方式，实现节地、节水、节肥，鼓励蔬菜种植与畜禽养殖相结合，加强农作物秸秆的利用和开发，积极开展以建设沼气池为核心的循环生态体系，促进食用农产品绿色生产的发展。

（2）推动食用农产品需求结构与供给结构相适应，保持供需平衡

食用农产品供需均衡是保证社会福利最大化的前提条件。有效缓解我国食用农产品“卖难买难”与价格异常波动的问题，是提升我国食用农产品质量安全治理水平的关键之一。主要措施包括：一是加强食用农产品产业监测。政府可以建立食用农产品产业监测体系，对农产品质量、安全、价格等多个方面进行监测和预警；同时，根据实际的市场情况对市场中的食用农产品价格和规模进行调控，合理引导食用农产品市场行为，保持食用农产品供需平衡。二是科学预测食用农产品供需水平，有效指导农户计划性生产。政

府相关部门可以利用农业统计信息和调查数据对下年需求量和理论生产量进行估计，并建立合理畅通的信息传播渠道，比如建立信息平台、举办培训和研讨会、扩大媒体宣传等，帮助农民在第一时间掌握农产品信息动态和消费趋势，避免盲目生产，促进食用农产品需求侧与供给侧结构调整有效协同。三是加大产品创新力度，增加优质农产品的供给。食用农产品产业组织通过技术创新、管理创新等方式提高产品的品质、安全性、营养价值等，生产更为优质和绿色的食用农产品，增强供给体系对需求变化的适应性，使食用农产品供需关系在更高水平上实现新的平衡。

(3) 借助产业间的关联效应，推动建立信息共享与质量管控体系

合理的产业结构伴随着内部组织协调能力的加强和关联水平的提高，各产业之间相互服务、相互促进，推动建立产业间信息共享和质量管控体系，有利于降低政府监管成本，提高食用农产品质量安全治理水平。第一，政府可以通过政策引导和制定产业规划，鼓励不同产业间的合作与交流，促进食用农产品相关产业之间的协同发展，利用数字技术实现信息与资源的互联互通，以建立联合体、联盟等形式共同推动信息共享与质量管控体系的建设和落实。第二，积极推进产业链整合，政府可以鼓励农业企业与农产品加工企业、物流企业等形成产业链合作，通过企业间的协作实现信息共享与合作共赢。健全农业纵向产业链条，推动规模化生产，以主导产业和支柱产业发展为导向形成自建生产基地，以全程质量控制为核心，在生产、加工、运输、销售等各个环节严格执行国家、地方和行业相关标准，并对产业链上的质量安全风险进行有效控制和预防，最大程度降低食用农产品安全问题的发生。第三，鼓励农业及食品产业组织一体化建设，提升食用农产品质量安全治理水平。通过财政补贴、税收优惠、信贷支持等方式建立农户、家庭农场、合作社等与农业企业之间的紧密联系。充分发挥龙头企业示范带动作用，将契约关系嵌入不断延伸的农业全产业链条之中，构建违约惩罚、恶意违约劝退、履约奖励的内部治理机制，并共同推举第三方主体对参与契约交易的各方进行监督，有效促进农户采用绿色生产技术，以提高农产品质量安全水平。

(4) 优化农业生产资源配置，提高食用农产品的生产效率

优化农业生产资源配置以实现人力、物力、财力等资源的有效利用，可

以减少农业生产中资源浪费与环境污染，提高农产品质量安全水平。第一，采取合理的轮作和轮种制度，保护耕地质量。通过对土地进行科学的规划和管理，确保农业用地的合理配置，避免土地浪费和过度开发，提高土地的利用效率。第二，强化农业技术装备机械化、智能化，实现对农作物的精细管理，同时推动农业科技成果的研发、转化与应用，提高农产品产业的技术水平和生产效率。第三，大力发展农村普惠金融。通过提供小额信贷、推广农业保险、开展金融扶贫等措施，完善对各类农业经营主体的金融服务，重点扶持家庭农场、农民专业合作社和小规模农户等主体，增强农业农村发展的内生动力。第四，合理配置人力资源，加强农业人才培训。通过知识与技能的培训增强农村人力资本积累，重点培育高素质农民，鼓励大学生和外出务工经商人员返乡创业，补齐农村人才素质与能力的短板，促进食用农产品产业的转型升级与健康发展。

（5）强化各部门专业分工协作，提升食用农产品生产的标准化水平

农业及食品产业内部各部门之间协调发展，能促进各部门专业分工协作，促进食用农产品的标准化生产，提高产品一致性、稳定性与可靠性，进而提高食用农产品质量安全水平。第一，提供产前技术支持及知识培训，做好食用农产品产前规划。政府应推广使用符合标准的种子、化肥、农兽药、饲料和农机设备等农业生产资料，对土壤进行有效监测检测，增加土壤有机质含量，推动测土配方精准施肥，完善水利标准化和高标准农田建设，提高农田的产量与农产品质量，为安全优质食用农产品的生产打好基础。第二，规范产中作业，完善食用农产品生产流程。鼓励食用农产品组织内部进行标准化生产，实行种植养殖过程的标准化管理，通过建立统一的生产标准和规范，包括生产工艺、设备操作、产品质量安全标准等，牢固树立技术规范化、标准化的操作理念，按照规范的步骤进行播种、除草、灌溉和施肥等，提升食用农产品标准化水平。第三，加强种植养殖与加工、运输和销售环节主体之间的协作。加强物联网技术的运用，保持物流供应链与食用农产品生产端衔接畅通，科学进行农产品运输，保证产品质量。同时，积极扩展销售渠道，发展巢状市场，根据市场需求和消费者反馈，反向促进销售环节对食用农产品品质提出更高要求。

7.1.4　加快食用农产品品牌化发展，提升行业质量安全管理水平

（1）打造优质品牌企业，发挥其质量安全管理的示范带动作用

发挥优质品牌企业在质量安全管理中的示范带动作用，能有效推动食用农产品品牌化发展，提高产品质量和安全水平，促进行业整体提升。政府要从建立扶持体系、优化营商环境和鼓励优质品牌企业的纵向衍生和横向协作方面发力，培育和发展优质品牌企业，引导行业质量安全管理水平的整体提升。

第一，建立扶持体系，培育优质品牌企业。政府扶持体系可以为优质品牌企业提供贷款、补贴和奖励等形式的资金支持，为企业的发展和壮大提供必要的资金保障。同时，政府扶持体系与相关行业协会或专业机构合作，组织开展差异化品牌企业的培训和咨询活动，帮助企业提升管理水平和经营能力。包括为不同优质品牌企业提供市场调查、品牌设计和营销策划等方面的咨询支持，帮助企业更好地塑造品牌形象和推广产品。

第二，优化营商环境，促进品牌企业的创新发展。简化行政审批程序以减轻企业负担，营造良好的营商环境，为企业发展创造有利条件。通过制定有利于企业创新的政策，鼓励企业进行技术研发和产品创新，不断推出具有市场竞争力的新产品和新服务。

第三，鼓励优质品牌企业进行纵向延伸和横向协作，提高产业内食用农产品质量安全水平。加强优质农产品原料生产基地建设，建立健全标准化生产体系，完善农产品溯源体系，加强农产品品牌建设，推动产业链上下游协同发展。建立农产品产销对接平台，鼓励农产品企业联合起来抱团发展，加强农产品行业协会的作用，开展农产品质量安全联合执法，促进产业内企业合作共赢。加大农产品质量安全监管力度，加强农产品质量安全宣传教育，鼓励农产品企业开展质量安全自律，提升产业整体质量安全水平。

（2）鼓励农业经营主体打造优质品牌，全面提升内部质量控制水平

鼓励农业经营主体打造优质品牌，加快食用农产品品牌化发展，提高产品质量和安全管理水平，推动整个行业向更高层次迈进。政府在鼓励农业经营主体打造优质品牌时，应从降低生产经营主体的品牌打造成本上发力，支持打造品牌示范区或基地，营造有利于优质品牌发展的环境。

第一，提供品牌发展支持，降低品牌打造成本。政府可以设立专项资

金，为有潜力的经营主体提供品牌发展的财政支持，包括品牌建设补贴、广告费用补贴等，减轻生产经营主体品牌建设的负担。政府还可以针对品牌打造相关的税收和行政费用进行减免或优惠，包括减免商标注册费、提供品牌推广费用的税收优惠等，以降低经营主体的经济压力，鼓励其积极进行品牌建设。此外，政府可以简化品牌注册和准入程序，缩短审核时间，降低品牌打造的准入门槛，鼓励更多的经营主体参与品牌建设，促进市场竞争和品牌多样性。

第二，提供培训与咨询服务，提升生产经营主体品牌化水平。政府可以组织品牌管理和营销方面的培训计划，内容包括品牌战略规划、市场调研、品牌设计以及推广策略等，有助于经营主体增强其品牌化意识和能力。设立品牌建设咨询中心或机构，为经营主体提供专业的品牌咨询和指导服务，通过咨询服务为经营主体提供针对性的建议和支持，优化品牌战略和推广方案。组织品牌成功案例分享和交流活动，邀请行业内成功品牌的代表分享品牌打造的实践经验，助推经营主体品牌培育，促进行业品牌化水平的全面提升。

第三，齐力打造品牌示范区或推进示范基地建设，提升食用农产品质量安全水平。一方面，政府可以选择具有潜力和优势的地区作为试点，打造食用农产品品牌示范区或基地。政府应提供基础设施与财政支持，帮助农产品生产经营主体进行品牌建设，包括品牌宣传、包装设计、质量控制等。另一方面，政府可以制定和推广食用农产品的质量标准，并提供相关认证支持，以帮助农产品生产经营主体确保产品质量的稳定性，提高消费者的信任度和品牌认同感。

（3）提高品牌质量与价值，加速标准体系的建设与完善

通过提高品牌质量与价值，增强产业组织发展品牌和标准体系建设的信心，有利于规范生产过程，提高产品质量和安全水平。同时，完善标准体系还能促进行业内部规范化运行，形成共同的质量管理模式，提升整个行业的质量安全管理水平。因此，创新质量管理技术，加强质量控制与认证，完善质量安全标准体系，鼓励生产经营主体积极参与标准制定，是提高品牌质量、加快标准体系的建设，促进食用农产品品牌化发展与提升行业质量安全管理的关键因素。

第一，创新质量管理技术，推动标准体系的建设，提升品牌质量。采用先进的质量管理技术，如物联网、大数据分析、人工智能等，实现对生产过程和产品质量的实时监控和预测，及时发现问题及瓶颈并进行改进，有效提升食用农产品质量安全水平。同时，加快推进质量管理过程数字化建设，建立质量管理信息系统，实现数据的集中管理与共享，提高农产品供应链的透明度与可追溯性。

第二，加强质量控制与认证，完善标准体系。一方面要牵头制定全面的质量控制标准与流程规范，确保产品在生产过程各个环节都符合标准要求。另一方面加强对农产品原材料供应商的监管，建立质量合格的供应商体系，确保原材料的质量稳定。此外，还要鼓励生产经营主体通过申请和取得第三方质量认证，证明产品质量符合国际标准，增强品牌的可信度和竞争力。

第三，鼓励生产经营主体积极参与标准制定，与行业协会和政府机构共同制定和修订相关标准。同时，鼓励生产经营主体积极分享参与标准制定的经验和技术成果，为标准编制提供专业建议和支持。组建企业的标准研究和评估团队，开展标准的研究与评估工作，不断改进和完善标准，确保标准与实际需求相匹配。

（4）加大优质农产品品牌的宣传与推介，加大品牌保护力度

加大优质农产品品牌的宣传与推介，加大品牌保护力度，对于加快优质农产品品牌化发展和提升行业质量安全管理水平起着积极的促进作用。通过多渠道的宣传推介，准确定位优质农产品的特色和价值，加强品牌和商标的监管将有助于形成更加健康和可持续的食品安全体系，满足消费者对高品质农产品的需求，推动农业产业的良性发展。

第一，通过多渠道的宣传推介，将优质农产品的特点和优势传达给消费者。综合利用传统媒体与新兴媒体、社交平台与电子商务平台等多种渠道进行广告宣传、新闻报道和产品展示，提高品牌知名度和曝光度。对于公共品牌和影响力大的优质品牌可以通过建立用户评价系统、开展用户体验活动和与消费者互动等方式，提升口碑效应，增加消费者的信任和购买意愿。积极鼓励与知名品牌、零售商、餐饮企业等建立战略合作关系，共同进行品牌宣传和推介，扩大品牌的影响力和市场覆盖面，提高产品的知名度和销售额。

第二，准确定位优质农产品的特色和价值，突出其独特的品质、口感、

营养价值等方面的优势。鼓励企业通过产品包装设计、宣传资料等手段，将产品特色生动地展示给消费者，增加产品的吸引力和认同感。通过讲述品牌背后的故事，例如产品的种植和养殖过程、与当地农民的合作关系、环境保护等方面的故事，让消费者产生认同感和情感共鸣，增加品牌的亲和力和好感度。

第三，加强品牌和商标的监管，确保品牌的独特性和合法性。加强知识产权保护，防止他人冒用品牌名称、商标等，维护品牌的声誉和权益。加强与执法部门的合作，开展市场监管和打假行动，加大对侵权行为的处罚力度，保护优质农产品的市场地位。与其他农产品品牌建立协会和联盟，共同推动品牌保护和市场监管工作。通过协会和联盟的力量，加强行业自律和合作，共同应对品牌保护面临的挑战。

7.1.5 数字化赋能营销方式的拓展，突出农产品质量安全的重要性

（1）丰富消费端产品质量识别技术手段，提升消费者对产品质量信任度

数字化识别技术为消费者通过食用农产品质量安全追溯体系了解产品完备信息提供便捷渠道，可以增加消费者对产品质量的信任度，强化优质产品在质量安全方面的市场优势。第一，以数字赋码的方式对食用农产品供应链全程信息进行一体集成。以食用农产品质量安全溯源平台为依托，通过二维码等数字编码技术，一体化集成食用农产品质量溯源信息。消费者可以通过对数字编码的识别验证，快速直观地获得产品在生产、储存、运输等各个环节的具体信息，从而对食用农产品质量安全做出更为准确的判断。第二，开发多样化产品质量安全识别验证方式。在利用农产品溯源系统、数字赋码技术等的基础上，开发 PC 端专业网站或专业软件、手机微信小程序和手机 App 等多类型的终端进行食用农产品质量安全的数字编码识别和产品信息获取。第三，实现产品质量安全识别服务与线上产品消费的网络联动。在消费者进行质量安全数字编码识别的相关网络平台上增加产品线上交易链接，并为通过识别系统购买产品的消费者提供优惠，既在观念上强化了消费者对产品质量安全属性的认知，也以切实的经济实惠增加消费者的购买兴趣。

（2）依托大数据平台，精确获取市场需求结构信息

利用大数据平台分析管理食用农产品消费市场的数据价值，从数据分析中获取食用农产品消费市场需求结构信息，最大程度地实现定向销售、以销

定产。第一，通过大数据分析明确产品目标受众群体。借助大数据平台，从消费市场数据中分析同类食用农产品消费者的年龄分布、地域分布、职业分布、性别分布等分布特征，从而明确目标受众群体。第二，预测消费总量与价格区间。在明确产品目标受众的前提下，通过大数据分析，预测目标消费群体对于高质量安全属性产品的消费总量和可接受的价格区间，从而为产品的生产规模和定价提供重要参考。第三，明确产品的主要消费平台。从数据分析中获得目标受众在购买同类产品时使用频率较高的消费平台，根据目标受众的平台选择，明确产品的主要投放渠道，并为这些高频消费平台制定包含价格优惠、专属福利和定期促销活动等内容的有针对性的销售方案。

（3）借助互联网技术，构建消费者产品质量反馈机制

借助互联网信息传递的实时性，构建实时反映消费者对于产品体验的反馈机制，从而更有利于食用农产品经营主体了解消费者关于产品质量安全的真实需要，进一步改善和提高产品质量。第一，基于网络交易平台建立的线上产品质量安全反馈系统。不同于传统电商线上留言评价的形式，食用农产品质量安全线上反馈系统要兼顾产品质量评价的科学性和反映消费者体验感的真实性。产品的线上销售门店可以针对具体的产品类型，参考现有农产品质量安全标准，以更容易被消费者理解的形式表达，制定出可供消费者自行操作的选项式回访内容，将参与反馈回访与产品会员身份挂钩，并通过一定的激励方式（例如，参与反馈信息填写的用户可以获得门店积分奖励、优先发货等）提高消费者使用反馈系统的积极性。第二，丰富线下消费者的反馈渠道。对于线下购买商品的消费者，通过开发专门的微信小程序、手机App等形式，实现与线上消费者相同的产品会员身份识别，并在上述平台参与质量安全反馈回访，反馈系统的具体内容和对消费者参与的激励方式与线上交易平台一致。第三，借助云上数据处理技术，对获取的大量消费者消费的产品质量安全反馈信息进行储存、整理和分析，精确、及时地获得消费者对于产品质量安全的真实评价、在质量安全方面的真实需求以及相关需求的变化。

（4）发挥网络意见领袖在网络平台的影响，增强产品质量安全认可度

近年来，网络意见领袖因其较强的粉丝黏性和社会影响成为网络销售平台产品营销的“助推器”，在高品质食用农产品的推广上同样可以借助网络

意见领袖的“热度”。第一，选择“高品质”意见领袖带货高品质产品。对于食用农产品这类与居民生活质量和身体健康息息相关的产品，作为其推广人与网络意见领袖，除了网络热度和粉丝量，还应具备食用农产品领域的专业知识、良好的道德口碑，以及对于推广产品有较长时间食用经历这三项条件。第二，明确收益结算和监督关系。以合约形式，一方面明确网络意见领袖作为带货人的收益结算规则，其收益除与销量、产品热度等关联外，为提高产品的质量安全认可度，可增加与消费者关于产品质量安全反馈内容挂钩的收益条款；另一方面，明确网络意见领袖在带货期间个人行为的监督条款，并对其因个人行为而对产品口碑造成负面影响的惩罚措施，特别是关于产品质量安全推广方面的监督和惩罚措施。第三，意见领袖的选择不要局限于明星或网络达人。对于食用农产品质量安全的推广而言，一些在食用农产品质量安全研究领域的专家学者、科研院所的研究团队、地方政府负责食用农产品质量安全评估工作的专业人员等，都是兼具社会影响、专业性和社会责任感的意见领袖的选择。

7.2 产业组织优化的政策保障措施

7.2.1 制度保障措施

（1）建立严格的奖惩制度，加大违法违规惩处力度

及时曝光存在食用农产品质量安全问题的生产经营主体，对企业及其责任人进行严厉制裁和惩罚，包括巨额赔偿和罚款，责令停止营业或吊销执照，甚至追究刑事责任等，增加违法违规成本，并追究违法违规、失职渎职的监督机构及人员责任。同时，通过质量标准体系、法律法规、监督监管、信息披露、交流预警和奖惩机制等手段，以政府为主导，加强对食用农产品行业及其生产经营者的监管。在食用农产品质量安全问题出现之前，对其进行规范和预防；在食用农产品质量安全问题出现之时，对其进行监督和控制；在食用农产品质量安全问题出现之后，对其进行管治甚至处罚，形成闭环的制度保证。加强食用农产品质量安全问题的沟通与交流，鼓励公众参与协调管理食用农产品质量安全问题，进一步推动产业组织优化。

（2）整合监管资源，保持安全监督管理工作的整体性与连续性

政府有关部门要加强农产品的全过程质量监督管理，从产业上游到下游

各个环节实现全过程监督，同时探索农产品质量安全监督执法一体化，从行政执法的视角整合监管资源，统一行使质量监督执法职权，保持监督管理工作的整体性与连续性。加强监管机构沟通合作，确保监管流程的连续性和一致性，实现无缝监管，杜绝监管不力及权力寻租，增强监管机构力量及提高人员素质。整合规划食用农产品检验检测机构建设，增加检测设备和检测手段，建设检测专业技术队伍，增强检测功能，提高检测技术水平。建设各级政府尤其是基层政府源头监管机构和检验检测体系，加强对投入品、原料、生产全过程及食用农产品质量安全规范化、制度化监督检查和检验检测。提高生产经营主体市场准入资格，以及食用农产品市场准入标准，整合食品质量认证机构，增强认证独立性、权威性和公信力，加强认证及信誉记录，推行 GAP、GMP、HACCP、索票索证、产品标识及追溯和召回等。

（3）搭建食品质量安全信息平台，建立信息公开机制

搭建食用农产品质量安全信息平台，建立信息公开机制，披露食用农产品质量检测结果，以及食品安全和质量标准、标识标签等方面准确、权威的信息，促进公众掌握食用农产品质量安全信息，特别是在食品质量安全危机事故中，及时向公众通报相关信息。同时，完善食用农产品质量安全风险评估和预警机制。建立规范的渠道和制度，及时收集、处理和公布食用农产品质量安全信息，加强政府、企业、农户、合作组织、消费者、专家等之间的风险信息交流，引导公众市场行为，并进行信息反馈，达到预防风险、降低危害的目的。

（4）优化调整激励机制，推动产业组织实施可追溯体系

可追溯体系有利于提升食品全链条安全水平及推动食品安全治理模式向事前预防转型，对加快建立中国式现代化食品安全保障体系具有重要作用。第一，政府应推动产业组织可追溯体系的建立，考虑对产业组织的激励机制进行适时优化调整。在初期阶段，政府可以采用固定补贴的方式，对产业组织实施农产品可追溯体系行为所带来的可追溯生产成本进行补助，以此来激励产业组织积极地参与农产品可追溯体系的建设与实施，而在后期，政府应该逐步增加对产业组织的绩效补贴力度，从而对产业组织生产可追溯农产品的行为产生更好的激励效果。第二，政府应加大对可追溯农产品生产相关基础设施的建设力度，健全监管体制，完善监管制度，统一可追溯体系实施的

相关标准，以降低产业组织实现农产品可追溯性的成本。第三，政府可考虑出台相应的技术支持措施，提高产业组织实施可追溯体系的效果，增强全产业链食品质量安全风险防范能力。

7.2.2 财税金融保障措施

（1）通过“梳理、整合、补充”等方式完善政府的税收政策体系

支持高质量农产品方面税收政策体系必须按照“产业兴旺、治理有效、生活富裕”的要求进行整合，内容应涵盖有利于实现“产业振兴、人才振兴、生态振兴”的目标。具体应包括：绿色产业发展税收政策体系，生态保护税收政策体系，科技兴农税收政策体系，乡村创业就业税收政策体系，人才聚农税收政策体系，乡村新兴业态税收政策体系，文化旅游税收政策体系，涉农金融保险税收政策体系，涉农绿色消费税收政策体系，社会参与税收政策体系，城乡融合税收政策体系，税收征管服务政策体系等，形成完备的税收政策支持体系，并确保政策的稳定性、可持续性，让税收政策在优化农产品结构，推动高质量农产品升级，引导资本、技术、人才等要素向高质量农产品行业聚集方面发挥更大作用。

（2）进一步扩大政府的税收优惠政策覆盖范围，增强政策的普惠性

实施税收优惠政策，既要发挥现行税收优惠政策的引领激励效应，更要结合现实中产业组织的实际情况积极探索力度更大、覆盖范围更广的税收支持政策。比如，对在乡村投资高质量农产品的加工企业，可考虑采取增值税“即征即退”政策予以扶持；对在乡村投资的绿色产业，可比照高新技术企业予以企业所得税优惠，对开展高质量农产品的项目可给予其增值税“即征即退”等税收优惠；对带动农户生产绿色农产品的示范产业组织给予税收优惠；对乡村从事高质量农产品的管理型人才、科技型人才、驻村工作队成员、返乡创业的大学生等可给予其个人所得税优惠等。总之，完善涉农税收优惠政策一定要坚持“多予、少取、放活”的改革思路，保证税收优惠在涉农要素供给、农产品生产、冷链保鲜、仓储、物流、销售等各环节实现全覆盖，尤其要完善上游的涉农科学研究等，下游的涉农电商、涉农咨询服务和农产品精深加工等配套产业的税收优惠政策。

（3）构建绿色信贷、绿色债券、绿色基金等多重金融保障体系

金融保障在支持绿色技术创新、提高农产品质量安全方面扮演着重要角

色。因此，政府及相关部门应打通并完善多种融资渠道，为产业组织融资提供便捷服务，优化申请流程，降低产业组织融资成本，促进产业组织绿色技术创新，比如综合应用绿色信贷、绿色债券、绿色基金、绿色保险等方式支持保障农产品质量安全的绿色技术创新，鼓励信用评级机构依规对绿色技术创新产业组织开展主体评级、债项评级服务等。同时，政府应为产业组织绿色农产品研发项目提供信贷支持，加大绿色技术创新补助力度，降低绿色项目研发风险，提高产业组织研发意愿。知识产权部门应进一步强化绿色发明专利知识产权保护，及时解决产业组织之间的知识产权纠纷，切实保护原创者绿色技术创新经济利益，提高产业组织开展绿色农产品研发项目的积极性。此外，支持普惠金融的发展，降低农村金融门槛，改善资源配置。特别是为农户发展微型精品农业（即“微农业”）提供高效、便捷、优质的金融服务，助推农户提升食用农产品质量安全水平。

7.2.3 完善土地流转与经营管理制度，保障食用农产品源头安全

（1）加强对土地流转市场主体的监管，积极引导优质农产品生产主体参与农地流转

在农业生产所需的诸多资源要素中，土地资源发挥着基础性作用。在市场机制下，抛开规模效应的影响，优质食用农产品生产主体往往存在生产成本和利润空间等劣势，导致其在要素竞争中处于不利地位。在这种情况下，如何在保证土地流转市场化机制的前提下，通过政策干预引导土地资源流向优质产品生产主体，进而促进这些生产主体发挥规模效应，可以从以下几个方面着手：一是增加农户向优质产品生产经营主体转出土地的积极性。基于农户向食用农产品经营主体转出土地的经济利益考量，可以在流转契约中关于农户转出收益的相关条款制定中，增加除与流转面积和期限相关的基础收益外，与经营主体产品质量安全挂钩的额外“经济补偿”，以切实可见的经济收益引导农户将土地流转给优质产品生产经营主体。二是鼓励引导优质农产品生产主体转入农村闲置土地。对优质食用农产品生产经营主体进行财政补贴，补贴金额的设定应与其转入规模与流转期限呈正相关，从而降低这些生产经营主体的转入成本，保证这些生产经营主体拥有稳定的土地经营规模。三是限制劣质食用农产品生产经营主体的土地转入行为。对涉及产品质量安全存在问题的生产经营主体进行备案，同时对其问题严重等级进行划

分，不同程度地增加其单位面积转入土地费用和限制其转入期限，情节严重的，可在一定时期内禁止其参与土地流转，并根据相关主体的后期整改效果，适时适度放宽约束与惩罚力度。

（2）加强土壤环境监管，保障食用农产品生产环境安全

农产品质量安全的根源，即农业生态环境及系统是否安全，其关键在于种植农产品的土壤是否健康。因此，保证土壤等环境健康是解决食用农产品质量安全问题最根本的途径。而相关经营主体往往在利益驱使下，在生产经营活动中存在一些破坏土壤环境的行为，这就需要政府加强对土壤环境的监管。具体措施包括：一是形成土壤环境多部门监管联动机制。从横向上来看，对涉及食用农产品经营主体用地土壤环境监管的部门，包括发展改革、农业农村、自然资源、生态环境等部门，通过完善规章制度实现各部门监管边界清晰、监管目标一致、监管职责明确，进而形成各部门协调一致的监管合力；从纵向来看，各级政府要积极落实中央政府关于土壤环境监管的政策号召，并根据地方实际，制定符合地区特色的土壤环境监管方案。二是细化土壤环境监管标准，针对不同食用农产品类型以及不同产地，制定符合产品特性和产地特点的土壤环境监管标准。三是提升土壤环境排查监测技术水平。通过加强对监测执法人员的技术培训以及应用互联网、云计算、5G、遥感等先进技术的方式，提高相关监测部门的专业性和技术水平。四是建立涉及土壤污染的重点经营主体监管名录。地方政府可以参考国家对于工业生产部门建立的“环境监管重点单位名录”，对辖区内涉及土壤污染问题的食用农产品经营主体进行登记造册，并加强对这些经营主体的不定期巡视监测，并根据实际情况，适时增减重点监管主体的名单内容。

（3）优化产业组织土地管理模式，促进土地质量主体责任落实

正如前文所述，食用农产品质量安全的责任追溯是目前食用农产品市场治理的一个重难点，而土地质量作为影响食用农产品质量的重要路径，又因为土地质量无法直观在农产品质量中体现，以及土地经营者对土地质量的信息处理不透明，使其责任落实难度更大。而优化土地管理模式是促进土地质量主体责任落实的有效途径，可以从以下几个方面着手：一是将土地质量纳入食用农产品质量安全追溯体系。在追溯体系的信息收集中纳入土地质量数据和土地经营主体信息，并通过数字化编码、互联网等途径，增加相关信息

的可获得性，实现对土地质量责任可追溯。二是在“农户＋新型经营主体”模式下通过完善土地流转契约和产品订单，落实土地质量主体责任。一种情况是农户转出土地后，转入土地的经营主体直接经营土地，此时可以在流转契约中增加对流转到期后土地质量的保障条款，在一定程度上规范经营主体对土地的使用行为；另一种情况是农户在新型经营主体指导下自行经营土地且双方存在产品订单关系，可以在订单合同中明确农户的土地质量责任，以订单甲方对农户经营土地的土壤环境进行定期测量的结果为依据，以此作为决定农户订单收益的重要标准，从而更好地规范农户的生产行为。三是加强对化肥农药等消耗品的管理。包括对直接影响土地质量的化肥农药等消耗品的购买信息、施用时间、施用频次、用量等信息进行详细收集并保存，一旦出现由于上述消耗品引起的土地质量安全问题，食用农产品经营主体可以根据预先收集的信息对这些消耗品的供应方追溯责任。

（4）加强土地资源保护与有效利用，为农产品质量安全提供基本保障

对土地资源的保护和有效利用，在土地经营环节为农产品质量安全提供了基本保障。第一，推广绿色生产行为在土地耕作中的应用。通过低毒农药化肥的施用、节水节能设施的使用、生物防治等方式，减少在土地耕作环节对土壤环境的破坏。第二，不仅要保护好未被破坏的土地，同时也要寻求土壤修复技术上的突破。根据不同地区的地形气候特点和不同产品类型，在维护生态安全的前提下，有针对性地开发适宜不同地形、不同土壤、不同农产品用地等客观条件的土壤修复技术。第三，加强人才培育和土地利用保护技术升级。通过学历教育、职业教育、技能教育等多种形式，培养土壤利用、保护、修复的专业人才，组建相关研究团队，或加强与高校、科研机构等开展多方合作，提高先进技术和先进设备研发水平，积极推动相关研究成果的转化工作。第四，引入第三方土地质量检测机构。鼓励农业社会化服务组织拓展土地质量检测服务，或在规模经营主体内部成立检测部门，引导多元化社会力量参与土地质量检测工作。

7.2.4　技术保障措施

（1）鼓励技术研发和创新，构筑农产品质量安全核心竞争力

农业新技术可提高作物的产量和质量，增强农产品的安全性，已成为提升农产品质量安全竞争力的关键环节，从农业生产的实际需要出发鼓励新技

术的自主研发和创新，既能加强农业基础研究，又能保持农业技术创新的内生动力，以此构筑农产品质量安全核心竞争力。第一，加大对农业科技创新的投入，鼓励各产业组织积极进行农业技术研发，支持农产品质量安全关键生产技术研发攻关，推动农产品产业链生产端至销售端各环节的技术发展，保障农产品质量安全。第二，建立科技转化机制，将科技成果转化为农业生产实践，推广普及科技成果在农产品质量安全相关技术的应用，加强实际农业生产中的科研成果应用，以提高农产品的产量和质量，推动科技与农业产业的深度融合。第三，提供相应的政策支持和优惠措施，注重研发创新支持机制，完善现行补贴政策措施，降低各经营主体的研发创新成本，激发经营主体的研发创新热情，营造良好的氛围。

（2）加强技术引进和应用，推进组织间技术共享和协同发展

加强技术引进和应用，形成多方联动，推动科技协同机制落地，由单一经营主体独自进行研发创新，逐渐转变为组织间协同创新，有效缩短研发周期，降低创新成本与风险，加速农业科研成果的转化、推广和应用，加快农业科技水平提高。第一，引进国内外先进的农业生产技术，充分结合区域农业生产的实际情况，根据科学的指导原则，有计划、有重点、有选择地进行技术引进，并注重对引进技术的消化与吸收，实现农产品生产科学化管理和高效化运作。第二，建立技术交流平台，既要利用传统的农技推广服务站或者农技示范站，通过网络、电视、广播等多类型媒介将技术信息传递给农业从业者，又要注重搭建新型主体技术交流平台，促进不同组织之间的技术交流与资源共享，提高农产品生产的整体水平。第三，鼓励不同组织之间加强合作，共同承担项目和任务，鼓励农业生产经营的组织形式与合作形式的创新，充分发挥不同主体在农业生产中的优势，鼓励构建组织间稳定的利益联结体，通过资金、技术、劳动力等要素的投入和合作，实现农业生产项目和任务的合作共赢。

（3）加强与行业专家交流，科学指导并引领技术进步前沿

加强与行业专家交流，关注世界农业农村科技前沿动态和我国农业农村科技发展态势，引领农业农村科技发展方向，发挥科技创新支撑引领作用。一方面，利用“互联网+”构建农业专家指导平台，发挥互联网优势实现农业技术传播与实时互动，依托科研成果、技术、人才和信息服务，打造集技

术培训、咨询、交流、农业专业技术知识在线查询等功能于一体的农业专家在线指导平台，为农民和农业专家提供视频交流、双向互动与零距离接触的渠道，打破时间和空间上的传播瓶颈。另一方面，加强农业专家线下指导，推动产学研用深度融合，开展农业生产实地指导、线下培训、协同攻关与产业化应用等方式，提升农产品生产人才的技能水平，并拓展实践能力的学习通道。

（4）建立知识产权保护机制，保护农业科技创新的积极性和可持续性

知识产权的保护和运用是保护创新成果和促进科技创新的重要手段，对于促进农产品质量安全发展至关重要，其保护了知识产权所有者的合法权益，为农业科技的研究和推广提供了重要的保障，能推动提高技术创新的积极性和创新水平。一是完善农业领域知识产权制度体系，提高知识产权保护的法律保障，加强农业领域知识产权保护多部门的协作配合，推进农业领域知识产权行政保护和司法保护有效衔接和优势互补。二是加强知识产权宣传和教育，加强农业领域知识产权等相关内容的宣传、普及和推广，宣传农业领域知识产权相关法律法规，提升各经营主体的知识产权保护意识，增强各经营主体对知识产权的认知和保护意识。三是鼓励知识产权的应用，提高知识产权的价值和利用效率，促进经营主体获得研发投入的回报，鼓励对农业科技创新研发的继续投资，推动创新和开发更高效的农业技术与更高质量的农产品，切实提高农产品质量安全水平。

7.2.5　人力保障措施

（1）注重农业一线从业者培训，提升质量安全保障意识和技能水平

针对不同的经营主体，分层次、分类别、多方式开展培训工作，结合不同地区环境、土壤优势等影响，对当地农林牧渔各行业种植养殖技巧进行差异化培训，并通过编印相关种植养殖书籍、到田间地头进行现场示范指导等方式，打造新型农业从业者队伍，提高其种植养殖积极性。一是强化农业从业者技能培训。依托农业高技能人才培养基地，对农民专业合作社、企业、家庭农场、农户等产业组织中农业一线从业人员开展技能培训。通过技术培训、以会代训、集中办班、专题讲座和现场实训等方式，结合农业质量安全要求和区域性特色产业发展需求，培养带动农业从业者整体技能水平与质量安全保障意识的提升。二是推进行业示范性培训。充分依托行业示范技术优

势，开展行业示范培训，推广先进的农业生产技术，如精准农业、有机农业等，提高农产品生产的效率和质量，将先进的农业生产技术和农产品质量安全保障经验传递给农业从业者。三是开展农业单项引导性技术培训。将农产品质量安全、新农村建设、农业生产安全、农业政策法规和实用农业科学知识普及等作为培训的主要内容，开展专项知识和技能培训。培训方式以知识普及、辅导讲座、远程教育、现场技术指导等为主，提高单项农业质量安全保障知识掌握程度和技能水平。

（2）完善组织内部人才培养体系，提高管理者质量安全管理理念与素养

围绕农业发展需要，建立健全组织内部的人才培育体系，提升管理者的质量安全管理理念与素养，发挥管理者在经营、管理等多方面的领军作用。一方面，完善人才选拔培育机制，对有潜力、有能力的人才进行选拔和培养，加强组织内人才队伍建设。鼓励深度挖掘乡村本土人才潜能，优化乡村本土人才培育选拔机制，大力培育一批高素质的新型职业农民和带头人，同时，着眼农业后备人才培养，鼓励高校毕业生返乡就业。另一方面，提高管理者的农产品质量安全的技能水平和管理能力，通过管理知识学习与交流等方式，推广先进的管理经验，提高农产品生产管理者的管理理念，并通过技术培训、职业教育等方式，为管理者提供更多的专业化农产品质量安全相关培训机会。

（3）加强人才引进与激励，保障运输销售全链条人才支撑

梳理生产至消费全链条的人才缺口数量、结构和层次，针对性制定引才清单，不断完善引才纳智方式，加强引进重点领域高层次和急需紧缺人才，落实生产、流通、销售各环节的人才保障。一是建立激励机制引进高素质人才从事农产品运输和销售工作，激发人才的积极性和创造性，提高农产品运输质量和销售能力。二是加大对农产品运输和销售人才培养的投入，通过技术培训、实践锻炼等方式，提高农产品运输和销售人才的技能水平和实践能力。三是针对农村产业结构调整和高素质农民建设，重点培养农产品质量安全监测管理、农业环保等方面的新农科人才。四是通过创业扶持、贷款担保等方式，支持农产品运输和销售人才创业和自主就业，提高农产品运输和销售的自主性和可持续性。

7.2.6　基础设施保障措施

（1）因地制宜提升农田水利保障水平，强化农产品质量安全发展基础

农田水利基础设施配置直接作用于生态环境，是农业生产的基本条件与重要保障，对于生态文明建设、维系区域生态安全和保障农产品质量安全等具有重要作用。一是加强农田水利工程的投入，建设供水工程、灌溉渠道、水库、泵站等设施，提高农田灌溉效率，减少水资源浪费，方便农业生产。二是加强水土资源管理与保护的基础设施保障。加强地下水、河流和湖泊等水资源的监测和调控，确保水资源的合理分配和利用，建设水土保持林、草地和水土保持梯田等配套设施，通过植被覆盖和改善土壤结构，减少水资源的流失和土壤侵蚀，提高水土资源利用效率，避免水土资源的浪费和污染，进而保障农产品质量安全。三是建设农业生态环境保护工程。通过湿地保护、水源涵养等，加强农业生产过程中的环境保护，提高农业生产的质量和可持续性。

（2）构建综合交通运输体系，高效通达助力农产品质量安全

以农产品交通运输体系为切入点和着力点，通过多种交通运输方式的相互衔接和协调，加强节点建设，强化资源整合，提升农产品流通基础设施建设，充分发挥集聚和辐射带动作用，实现交通运输的高效、便捷、安全、环保和可持续发展。一是提高交通的速度和运输能力，在辐射面与辐射深度上共同加深，促进农产品运输通达度的发展。推动建立高效的物流网络，加强物流节点配套基础设施建设，提升仓储管理系统配套设施，加快农产品转运和配送速度，提高农产品周转率。二是提升各类运输方式间的衔接能力，促进交通工具间转运、储存等衔接与协调发展。建立健全区域联通、城乡融合的交通运输基础设施网络，持续提升交通运输基础设施现代化水平，推动交通运输基础设施跨区域一体化发展，提升各类交通运输方式之间衔接能力，健全综合立体交通网络，发展多方式联运，推进多层次一体化综合交通枢纽建设。三是推进智能交通建设，利用大数据、人工智能等技术手段，提高交通运输的智能化和信息化水平，协同优化交通运输过程中的物理连接和信息连接，促进交通运输和信息通信基础设施相互衔接。

（3）配套销售与技术服务平台，支撑农产品市场体系建设

配套建设销售与技术服务平台，推动实现农业供销信息的共享和资源优

化，提高农业现代化水平，助力高质量农产品市场竞争力的快速提升。一是建立提供技术支持和售后服务的产销平台。将农业生产、销售、物流等各个环节的信息整合起来，实现信息共享和交流，提高农业生产效率和农产品质量。二是建设农产品销售平台，建设销售渠道和信息发布平台，提供各类农产品销售信息，发展大宗农产品的销售和采购等服务，提供优质的农产品选购渠道，促进农产品销售。三是配套电商销售基础设施，加强农村仓储物流配套体系建设，引进冷链保鲜技术与设施，提高冷链基础硬件建设水平。四是健全多层次售后服务配套，加强村服务站的站点建设与交通衔接，注重加强销售网络和双向流通渠道构建，为消费者的售后服务提供基础。

（4）推动新型基础设施建设，创新农产品质量安全发展途径

加强对农业信息化基础设施建设的支持，推动农业信息化技术的发展，提高农业生产效率和产品质量，加强对农产品质量安全的管理和监督。第一，完善农业信息化基础设施，健全农业信息采集体系，加强建设标准化、实时化、一体化监测体系。加强农业信息化基础设施建设，为农业资源监测、农业生产监控、农产品销售等农业生产销售过程提供信息支持，提高农业生产的效率和质量。第二，加强网络基础设施建设，提高农村网络覆盖的深度与广度，推动卫星通信网络、移动通信网络以及移动互联网的全覆盖，并为其提供稳定的电力供应。第三，加强智慧农业基础设施建设，发挥大数据、云计算、人工智能等新一代信息技术在农业生产中的应用，推动实现精准化、智能化和科学化控制管理农业生产。第四，加强与交通、农田、水利和电力等传统基础设施的衔接与融合，推动新型基础设施在全链条中与传统基础设施的技术关联及信息共享，在建设与发展上体现融合化和一体化特点。

参 考 文 献

[1] Wuyang Hu. 努力探索中国食品安全风险治理的科学路径——《中国食品安全发展报告2018》书评［J］. 中国食品安全治理评论，2020（1）：247-250.

[2] 奥利弗·E. 威廉姆森．市场与层级制：分析与反托拉斯含义［M］. 蔡晓月，孟俭，译．上海：上海财经大学出版社，2011.

[3] 白宝光，马军．乳制品质量安全问题治理机制创新研究［J］. 科学管理研究，2017，35（1）：75-78.

[4] 白军飞．大食物观下的食物安全保障［J］. 人民论坛，2023（11）：56-60.

[5] 边红彪．沙特阿拉伯食品安全监管体系研究［J］. 食品安全质量检测学报，2019，10（20）：7044-7047.

[6] 边红彪．印度尼西亚食品安全监管体系分析［J］. 标准科学，2020（9）：137-140.

[7] 边红彪．印度食品安全监管体系分析［J］. 食品安全质量检测学报，2021，12（1）：346-350.

[8] 伯纳德特·安德鲁索，等．产业经济学与组织：一个欧洲的视角［M］. 王立平，等，译．北京：经济科学出版社，2009.

[9] 曹利群．茶叶初制环节组织形式分析［J］. 茶叶通讯，2001（4）：34-37.

[10] 巢艾伦．澳大利亚食品安全监管及对我们的启示［J］. 上海质量，2018（8）：62-64.

[11] 陈刚．食品质量可追溯监管的政策效应及其影响因素——基于产业组织形态视角［J］. 社会科学战线，2020（8）：72-82.

[12] 程国强．大食物观：结构变化、政策涵义与实践逻辑［J］. 农业经济问题，2023（5）：49-60.

[13] 陈红平，王晨，汪庆华，等．茶叶农药残留标准新增两种农药［J］. 中国茶叶，2019，41（1）：44-46.

[14] 陈佳妮，陈永法．澳大利亚食品安全治理的中央与地方政府互动研究及对我国的启示［J］. 食品科学，2021，42（1）：313-318.

[15] 陈凌文，何文丽，宋晨超，等．中国茶产业区域竞争研究：测度与思考［J］. 茶叶通讯，2019，46（4）：489-494.

[16] 陈梅，茅宁．不确定性、质量安全与食用农产品战略性原料投资治理模式选择——基

于中国乳制品企业的调查研究［J］．管理世界，2015（6）：125－140.
［17］陈瑞义，石恋，刘建．食品供应链安全质量管理与激励机制研究——基于结构、信息与关系质量［J］．东南大学学报（哲学社会科学版），2013，1504）：34－40，134.
［18］陈松．中国农产品质量安全追溯管理模式研究［D］．北京：中国农业科学院，2013.
［19］陈素云．公司治理、股权性质与食品安全信息披露［J］．中国农村经济，2017（3）：86－96.
［20］陈秀娟，吴林海．企业生产可追溯食品的政府激励机制研究［J］．南昌大学学报（人文社会科学版），2023，54（5）：60－70.
［21］陈宗懋．我国茶产业质量安全和环境安全问题研究［J］．农产品质量与安全，2011（3）：5－7.
［22］陈宗懋．中国茶叶生产的质量安全状况［J］．中国茶叶，2008（6）：7－8.
［23］程华，卢凤君，谢莉娇．农业产业链组织的内涵、演化与发展方向［J］．农业经济问题，2019（12）：118－128.
［24］戴迎春，韩纪琴，应瑞瑶．新型猪肉供应链垂直协作关系初步研究［J］．南京农业大学学报，2006（3）：122－126.
［25］杜珍媛．基于制度视角的食品安全“善治”模式探讨［J］．技术经济与管理研究，2014（11）：72－76.
［26］樊胜根，张玉梅．践行大食物观促进全民营养健康和可持续发展的战略选择［J］．农业经济问题，2023（5）：11－21.
［27］樊永祥．《食品安全风险分析（国家食品安全管理机构应用指南）》［M］．北京：人民卫生出版社，2008.
［28］房丽娜，仲苗旺，侯宇，等．农业企业群体安全行为对安全生产绩效影响研究［J］．农业技术经济，2019（5）：137－144.
［29］费威．垄断型企业实施质量追溯体系的决策研究——基于消费者对产品质量风险认知的不确定性［J］．数学的实践与认识，2014，44（10）：29－43.
［30］费威．农产品质量安全标准对最优决策的影响分析——以龙头企业设定的私人质量安全标准为视角［J］．哈尔滨商业大学学报（社会科学版），2014（3）：29－37.
［31］丰志培，常向阳．中药材产业组织模式选择的影响因素分析——基于安徽省中药饮片企业的实证研究［J］．农业技术经济 2010（5）：55－63.
［32］高恺，盛宇华．新型农业经营主体采纳直播电商模式的影响因素与作用机制［J］．中国流通经济，2021，35（10）：65－73.
［33］高小玲，孙丽丽．食品质量安全理论研究述评——动力机制、治理模式与演进趋势［J］．广东农业科学，2014，41（24）：230－236.
［34］高小玲．产业组织模式与食品质量安全——基于水产品的多案例解读［J］．软科学，

2014，28（11）：45－49.
[35] 高杨，关仕新，魏广成，等.2023中国新型农业经营主体发展分析报告（一）[N]. 农民日报，2023－12－27（006）.
[36] 管曦.中国茶产业链纵向整合研究 [D]. 南京：南京农业大学，2012.
[37] 郭灿，林开勤，吕洁杰，等.贵州茶农使用农药行为及其影响因素分析 [J]. 茶叶通讯，2020，47（2）：334－338.
[38] 郭燕茹.我国茶叶质量安全现状、问题及保障体系构建 [J]. 林业经济，2014，36（7）：98－101.
[39] 郭芸芸，王振东，胡冰川，等.2022中国新型农业经营主体发展分析报告（一）[N]. 农民日报，2022－12－28（004）.
[40] 郭芸芸，王振东，王景伟，等.2023中国新型农业经营主体发展分析报告（二）[N]. 农民日报，2023－12－27（007）.
[41] 韩世鹤，高媛，杨洋，等.德国与我国食品监管的差异及启示 [J]. 现代食品，2020（19）：5－10.
[42] 韩杨，陈建先，李成贵.中国食品追溯体系纵向协作形式及影响因素分析——以蔬菜加工企业为例 [J]. 中国农村经济，2011（12）：54－67.
[43] 胡定寰，陈志钢，孙庆珍，等.合同生产模式对农户收入和食品安全的影响——以山东省苹果产业为例 [J]. 中国农村经济，2006（11）：17－24，41.
[44] 胡明敏.完善我国乳制品企业的质量成本结构 [J]. 会计之友，2009（11）：34－36.
[45] 胡晓云.品牌言说：基于中国乡村的品牌知觉 [M]. 杭州：浙江大学出版社，2023.
[46] 黄恩，陈慧玲，程红莉，等.食品安全政府监管规制差异的中美对比研究 [J]. 中南民族大学学报（自然科学版），2015，34（4）：142－147.
[47] 黄季焜.农业供给侧结构性改革的关键问题：政府职能和市场作用 [J]. 中国农村经济，2018（2）：2－14.
[48] 黄祖辉，王祖锁.从不完全合约看农业产业化经营的组织方式 [J]. 农业经济问题，2002（3）：28－31.
[49] 姜安印，杨志良.小农户的道德伦理能保证农产品质量安全吗——基于226份肉羊养殖户的调查数据 [J]. 江西财经大学学报，2021（1）：91－103.
[50] 焦彦朝，李志，徐孟怀，等.国内外茶叶农药最大残留限量标准比较分析 [J]. 四川理工学院学报（自然科学版），2019，32（3）：7－12.
[51] 孔祥利，夏金梅.乡村振兴战略与农村三产融合发展的价值逻辑关联及协同路径选择 [J]. 西北大学学报（哲学社会科学版），2019，49（2）：10－18.
[52] 孔祥智.农业供给侧结构性改革的基本内涵与政策建议 [J]. 改革，2016（2）：104－115.

[53] 李春艳，周德翼．蔬菜供应链的组织模式与食品安全控制［J］．生态经济，2009（12）：117-120.

[54] 李芬妮，张俊飚，何可．非正式制度、环境规制对农户绿色生产行为的影响——基于湖北1 105份农户调查数据［J］．资源科学，2019，41（7）：1227-1239.

[55] 李建军．贵州农村产业调整与变革研究［M］．贵阳：贵州大学出版社，2019.

[56] 李劲松．贵州遵义茶叶产业发展问题研究——以凤冈县为例［J］．农村经济与科技，2019，30（23）：164-165.

[57] 李静．食品安全的合作共治：日本经验与中国路径［J］．理论月刊，2019（4）：91-97.

[58] 李霖，郭红东．产业组织模式对农户种植收入的影响——基于河北省、浙江省蔬菜种植户的实证分析［J］．中国农村经济，2017（9）：62-79.

[59] 李闽榕，杨江帆．中国茶产业发展报告（2011）［M］．社会科学文献出版社，2011.

[60] 李裴，胡继承．贵州茶产业发展报告．2015［M］．贵阳：贵州科技出版社，2016.

[61] 李裴，胡继承．贵州茶产业发展报告．2016［M］．贵阳：贵州科技出版社，2017.

[62] 李裴，胡继承．贵州茶产业发展报告．2017［M］．贵阳：贵州科技出版社，2018.

[63] 李裴，胡继承．贵州茶产业发展报告．2018［M］．贵阳：贵州科技出版社，2019.

[64] 李裴，胡继承．贵州茶产业发展报告．2019［M］．贵阳：贵州科技出版社，2020.

[65] 李裴．建设绿茶大省推进富民兴黔——贵州加快茶产业发展决策与实践［M］，贵阳：贵州人民出版社，2009.

[66] 李平英．产业组织结构与农产品质量管理研究［D］．泰安：山东农业大学，2010.

[67] 李想，黄安楠，李昕玮．“名不副实”与“名副其实”问题的一个经济学解析——以食品安全为例［J］．财经研究，2018，44（9）：109-122.

[68] 李英，张越杰．基于质量安全视角的稻米生产组织模式选择及其影响因素分析——以吉林省为例［J］．中国农村经济，2013（5）：68-77.

[69] 李志文．食品安全规制对中国乳制品行业市场结构与市场绩效的影响研究［D］．济南：山东财经大学，2016.

[70] 梁远，张越杰．农业产业组织模式的交易关系与治理机制——基于肉牛养殖企业的多案例分析［J］．中国农业资源与区划，2024（1）：1-13.

[71] 廖卫东，时洪洋，肖钦．中国食品安全治理研究［M］．北京：经济管理出版社，2018.

[72] 刘成果．逐步推进产业一体化构建奶业持续健康发展机制［J］．北方牧业，2010（12）：6-7.

[73] 刘大维，费威．食品质量安全的利益博弈与差异化决策——基于线上线下的比较研究［J］．财经科学，2019（6）：70-82.

[74] 刘森挥，曹建民，张越杰．农户组织模式与其技术效率的关系一个考虑样本异质性的分析 [J]．农业技术经济，2019 (12).

[75] 刘新，陈红平，王国庆．中国茶叶质量安全 40 年 [J]．中国茶叶，2019，41 (12)：1-9.

[76] 刘星，李祥洲，钱群丽，等．澳大利亚农产品质量安全舆情风险应对模式探讨——以木薯制品氰化糖苷污染为例 [J]．农产品质量与安全，2018 (1)：89-93.

[77] 刘亚平，杨美芬．德国食品安全监管体制的建构及其启示 [J]．德国研究，2014，29 (1)：4-17，125.

[78] 刘源，王斌，朱炜．纵向一体化模式与农业龙头企业价值实现——基于圣农和温氏的双案例研究 [J]．农业技术经济，2019 (10)：114-128.

[79] 柳国华．食用农产品质量安全风险分析及监管建议 [J]．食品安全质量检测学报，2022，13 (7)：2308-2316.

[80] 卢良恕，孙君茂．新时期我国农业结构战略性调整与食物安全 [J]．中国食物与营养，2002 (4)：5-8.

[81] 路磊，徐媛媛，杨娇，等．人才培养及学科建设在促进食品安全治理体系完善中的作用 [J]．食品科学，2021 (5)：1-11.

[82] 罗富民．乡村振兴战略中质量兴农的内在逻辑与现实困境 [J]．福建农林大学学报（哲学社会科学版），2019，22 (6)：1-8.

[83] 吕玉花．食品生产纵向投资激励和食品安全问题 [J]．中国流通经济，2009，23 (8)：36-39.

[84] 吕跃，刘彦青．贵州茶业转型升级需要品牌引领 [J]．当代贵州，2018 (14)：48-49.

[85] 经合组织，粮农组织．经合组织/粮农组织 2023—2032 年农业展望 [R]．巴黎：经合组织，2023.

[86] 马鹏超，朱玉春．非正式制度、动员能力与村庄集体行动 [J]．农业经济与管理，2021 (5)：38-48.

[87] 马颖，谢莹莹，Victor Mellao. 巴西食品安全政策综述及对我国的启示 [J]．武汉：武汉理工大学学报（社会科学版），2016，29 (1)：14-20.

[88] 毛衍伟，张一敏，朱立贤，等．澳大利亚牛肉安全、品质控制技术和销售策略及对我国牛肉工业的启示 [J]．食品工业科技，2017，38 (23)：314-320.

[89] 茆志英．以产业源头为重点的食品质量安全控制研究 [D]．北京：中国农业大学，2015.

[90] 孟庆杰．信息不对称语境下公众食品安全信任机制的构建 [J]．食品与机械，2020，36 (11)：87-90.

[91] 梦溪，钱琨，李太平．消费替代视角下我国食用农产品的安全消费策略研究 [J]．东

岳论丛，2021，42（4）：28－35.
[92] 聂辉华．最优农业契约与中国农业产业化模式［J］．经济学（季刊），2013，12（1）：313－330.
[93] 聂文静，李太平，林光华．食品信息标签制度的福利效应：竞争市场与市场势力——理论测算及案例评估［J］．农业技术经济，2018（2）：15－29.
[94] 宁立标．印度食品安全的法律治理及其对中国的启示［J］．政法论丛，2015（1）：129－137.
[95] 农业农村部办公厅．关于2021年农产品质量安全监管执法典型案例的通报［J］．中华人民共和国农业农村部公报，2022（3）：125－126.
[96] 潘晓晓，王冀宁，陈庭强，等．基于大数据挖掘的食品安全管理研究［J］．中国调味品，2018，43（9）：184－188.
[97] 钱峰燕．茶叶质量安全管理问题研究［D］．杭州：浙江大学，2005.
[98] 钱静斐，李宁辉．美国有机农业补贴政策：发展、影响及启示［J］．农业经济问题，2014，35（7）：103－109，112.
[99] 秦利．美国食用农产品协会产品质量安全治理的做法和经验［J］．世界农业，2012（7）：45－47，56.
[100] 让·梯若尔，产业组织理论［M］．张维迎，译．北京：中国人民大学出版社，2017.
[101] 饶智瑜．农药残留限量标准对福建茶叶出口贸易的影响——基于修正引力模型分析［J］．产业科技创新，2020，2（13）：80－82.
[102] 任端平，潘思轶，何晖，等．食品安全、食品卫生与食品质量概念辨析［J］．食品科学，2006（6）：256－259.
[103] 任曙明，孙飞，王洪静．双重委托代理、股东优势与管理层激励契约——对食品类上市公司的实证研究［J］．大连理工大学学报（社会科学版），2014，35（2）：44－49.
[104] 任燕，安玉发．农产品批发市场食品质量安全监管分析——基于北京市场的问卷调查和深度访谈资料［J］．中国农村观察，2010（3）：37－46.
[105] 山丽杰，徐旋，谢林柏．实施食品可追溯体系对社会福利的影响研究——基于垂直差异化博弈的视角［J］．公共管理学报，2013，10（3）：103－109，141－142.
[106] 尚旭东，叶云．农业产业化联合体：组织创新、组织异化、主体行为扭曲与支持政策取向［J］．农村经济，2020（3）：1－9.
[107] 石谢新．食品行业企业社会责任建设初具成效——解读《中国食品行业企业社会责任研究分析报告（2021）》（上）［J］．中国食品工业，2022（5）：20－25.
[108] 石谢新．食品行业企业社会责任问题与对策——解读《中国食品行业企业社会责任研究分析报告（2021）》（下）［J］．中国食品工业，2022（6）：13－17.
[109] 苏毅清．我国食品产业组织结构优化研究［D］．天津：天津科技大学，2014.

[110] 苏祝成，童启庆．茶叶交易中的信息问题及其市场纠正——着重于农残问题分析[J]. 生态经济，2000 (12)：45-47.

[111] 苏祝成．世界主要茶叶生产国市场运行组织模式比较及借鉴 [J]. 中国农村经济，2001 (08)：34-40.

[112] 苏祝成．中国茶产业组织：绩效与政策 [J]. 茶叶科学，2011，31 (3)：264-272.

[113] 隋福民．平台+农户模式：实现中国农业农村现代化的另一种路径选择 [J]. 西安财经大学学报，2022，35 (3)：5-16.

[114] 谭翔，欧晓明，陈曦．农业企业食品安全行为机理研究——基于企业高管个人特质的视角 [J]. 农业技术经济，2019 (6)：132-144.

[115] 唐贵，隋冬华，武新娟，等．我国甜糯玉米的育种与生产研究进展 [J]. 粮食与油脂，2022，35 (5)：17-19.

[116] 唐衍军，等．基于区块链的食品冷链质量安全信息平台构建 [J]. 包装工程，2021，42 (11)：1-8.

[117] 陶学明，郑玉艳，洪登华，等．我国茶叶贸易中的质量安全问题及原因分析 [J]. 安徽农学通报，2014，20 (11)：8-10.

[118] 童建军．德国食品安全监管的经验与启示 [J]. 世界农业，2013 (9)：136-139.

[119] 万俊毅，曾丽军．合作社类型、治理机制与经营绩效 [J]. 中国农村经济，2020 (2)：30-45.

[120] 汪普庆，周德翼，吕志轩．农产品供应链的组织模式与食品安全 [J]. 农业经济问题，2009 (3)：8-12，110.

[121] 汪全胜，宋琳璘．现代治理视野下食品质量安全监管机制的完善路径 [J]. 宏观质量研究，2021，9 (1)：58-68.

[122] 王冀宁，郭冲，陈庭强，等．基于物联网的调味品安全管理研究 [J]. 中国调味品，2018，43 (8)：185-188.

[123] 王可山，刘嘉萱，崔艳娟．我国食品安全治理研究的前沿热点和动态趋势 [J]. 北京行政学院学报，2019 (4)：35-44.

[124] 王强，高春先．食用农产品质量安全问题及全程控制 [J]. 浙江农业学报，2004 (5)：3-9.

[125] 王玉辉，肖冰．21 世纪日本食品安全监管体制的新发展及启示 [J]. 河北法学，2016，34 (6)：136-147.

[126] 王芸娟，马骥．市场激励缘何提升养殖户质量控制水平：基于收益和风险视角 [J]. 农村经济，2020 (4)：107-115.

[127] 吴华清，唐辉，周亚芳，等．基于区域产业链治理机制的我国食品安全监管模式研究——以奶制品产业为例 [J]. 云南师范大学学报（哲学社会科学版），2014，46

(1): 87-96.

[128] 吴林海，尹世久，等．中国食品安全发展报告 2014 [M]. 北京：北京大学出版社，2015.

[129] 吴林海，尹世久，等．中国食品安全发展报告 2018 [M]. 北京：北京大学出版社，2018.

[130] 吴林海．中国食品安全风险治理体系初探 [N]. 中国青年报，2017-12-18 (002).

[131] 吴曼，赵帮宏，宗义湘．农业公司与农户契约形式选择行为机制研究——基于水生蔬菜产业的多案例分析 [J]. 农业经济问题，2020 (12): 74-86.

[132] 席金忠，张砚，苏艾婧，等．2020—2022 年国家食品安全监督抽检不合格情况分析 [J]. 食品工业科技，2024 (12): 1-10.

[133] 肖平辉．澳大利亚食品安全管理历史演进 [J]. 太平洋学报，2007 (4): 57-70.

[134] 肖湘雄，陈颖．"互联网+"网络食品质量安全的精准治理 [J]. 北京农业职业学院学报，2020, 34 (5): 5-11.

[135] 肖湘雄，徐爱华．基于供应链的食用农产品质量安全精准治理研究 [J]. 学术探索，2020 (8): 127-135.

[136] 肖湘雄，周梦芬．发达国家食用农产品质量安全治理的做法与启示 [J]. 江南大学学报（人文社会科学版），2022, 21 (5): 16-26.

[137] 肖兴志，王雅洁．企业自建牧场模式能否真正降低乳制品安全风险 [J]. 中国工业经济，2011 (12): 133-142.

[138] 修文彦，田岩．对推行农产品质量安全追溯体系的思考——基于相关主体分析 [J]. 农业经济，2022 (2): 22-24.

[139] 徐芬，陈红华，田志宏，等．我国生猪可追溯系统前端标识研究——世新华盛、得利斯、千岛湖案例分析 [J]. 管理评论，2017, 29 (8): 263-272.

[140] 许咏梅．浙江绿茶出口成本调查分析 [J]. 农业经济问题，2009, 30 (12): 90-94.

[141] 杨达．浅析基于信息技术的食品安全治理策略 [J]. 现代信息科技，2017, 1 (3): 22-24.

[142] 杨江帆．福建茶叶企业有机茶生产决策行为与政策选择研究 [D]. 福州：福建农林大学，2011.

[143] 杨江帆，李闽榕．中国茶产业研究报告：2010 [M]. 北京：社会科学文献出版社，2010.

[144] 叶敬忠，豆书龙，张明皓．小农户和现代农业发展：如何有机衔接？[J]. 中国农村经济，2018 (11): 64-79.

[145] 于亢亢．农产品供应链信息整合与质量认证的关系——纵向一体化的中介作用和环境不确定性的调节作用 [J]. 南开管理评论，2020, 23 (1): 87-97.

[146] 余吉安，刘会．基于消费者行为的食品安全治理研究 [J]. 郑州大学学报（哲学社会科学版），2016，49（5）：72-76.

[147] 余建宇，莫家颖，龚强．提升行业集中度能否提高食品安全？[J]. 世界经济文汇，2015（5）：59-75.

[148] 袁雪霈，刘天军，侯晓康．交易模式对农户安全生产行为的影响——来自苹果主产区1 001户种植户的实证分析 [J]. 农业技术经济，2019（10）：27-37.

[149] 詹承豫．中国食品安全监管体制改革的演进逻辑及待解难题 [J]. 南京社会科学，2019，（10）：75-82.

[150] 张天明，洪俊花．提升茶叶加工能力暨增加夏秋茶产量的建议与对策 [J]. 农村实用技术，2020（11）：103-104.

[151] 张云华，孔祥智，罗丹．安全食品供给的契约分析 [J]. 农业经济问题，2004（8）：25-28，79.

[152] 赵飞．地理标志保护促进茶产业发展——以贵州为例 [J]. 南方农机，2020，51（8）：78-80.

[153] 赵荣，陈绍志，乔娟．美国、欧盟、日本食品质量安全追溯监管体系及对中国的启示 [J]. 世界农业，2012（3）：82，1-4，25.

[154] 郑风田，李明．大豆产业链的成本与利润分配：黑龙江个案 [J]. 改革，2009（5）：61-67.

[155] 郑木，陈天金，白玲，等．澳大利亚食品安全事件应对举措及启示 [J]. 农产品质量与安全，2011（1）：56-59.

[156] 钟真，陈淑芬．生产成本、规模经济与农产品质量安全——基于生鲜乳质量安全的规模经济分析 [J]. 中国农村经济，2014（1）：49-61.

[157] 钟真，孔祥智．产业组织模式对农产品质量安全的影响：来自奶业的例证 [J]. 管理世界，2012（1）：79-92.

[158] 周洁红，胡剑锋．蔬菜加工企业质量安全管理行为及其影响因素分析——以浙江为例 [J]. 中国农村经济，2009（3）：45-56.

[159] 周洁红，姜励卿．农产品质量安全追溯体系中的农户行为分析——以蔬菜种植户为例 [J]. 浙江大学学报（人文社会科学版），2007（2）：118-127.

[160] 周洁红，叶俊焘．我国食品安全管理中HACCP应用的现状、瓶颈与路径选择——浙江省农产品加工企业的分析 [J]. 农业经济问题，2007（8）：55-61，111-112.

[161] 周洁红．农户蔬菜质量安全控制行为及其影响因素分析——基于浙江省396户菜农的实证分析 [J]. 中国农村经济，2006（11）：25-34.

[162] 周立群，曹利群．商品契约优于要素契约——以农业产业化经营中的契约选择为例 [J]. 经济研究，2002（1）：14-19，93.

[163] 周勤．纵向一体化测度理论评价 [J]．经济学动态，2002 (1)：79-83.
[164] 周伟，吴秀敏．双重失灵下的食品安全第三方治理有效性研究 [J]．农村经济，2017 (12)：82-86.
[165] 周小梅，张琦．产业集中度对食品质量安全的影响——以乳制品为考察对象 [J]．中共浙江省委党校学报，2016，32 (5)：114-122.
[166] 周应恒，霍丽玥，彭晓佳．食品安全：消费者态度、购买意愿及信息的影响——对南京市超市消费者的调查分析 [J]．中国农村经济，2004 (11)：53-59，80.
[167] 周应恒，李娜．"大食物观"与我国食物安全保障新思路 [J]．中国农业大学学报（社会科学版），2023，40 (4)：147-158.
[168] 周应恒，张蕾．溯源系统在全球食品安全管理中的运用 [J]．农业质量标准，2008 (1)：39-43.
[169] 邹传彪，王秀清．小规模分散经营情况下的农产品质量信号问题 [J]．科技和产业，2004 (8)：6-11.
[170] 中国肉类食品行业"十三五"发展报告及"十四五"规划建议 [J]．肉类工业，2020 (9)：1-4.
[171] 朱晶，臧星月，李天祥．新发展格局下中国粮食安全风险及其防范 [J]．中国农村经济，2021 (9)：2-21.
[172] Amine，Abdelmajid. Consumers' true brand loyalty：the central role of commitment [J]. Journal of Strategic Marketing，1998，6 (4)，305-319.
[173] Ackerley N.，Sertkaya A.，Lange R. Food transportation safety：characterizing risks and controls by use of expert [J]. Food Protection Trends，2010，30 (4)：212-222.
[174] Aggarwal R. M. Role of risk sharing and transaction costs in contract choice：Theory and evidence from groundwater contracts [J]. Journal of Economic Behavior and Organization，2007，63 (3)：475-496.
[175] Akerlof G. A. The market for "Lemons"：Quality uncertainty and the market mechanism [J]. Quarterly Journal of Economics，1970 (84)：488-500.
[176] Anderson E. Strategic implications of Darwinian economics for selling efficiency and choice of integrated or independent sales forces [J]. Management Science，1988 (34)：599-618.
[177] Anderson E. The salesperson as outside agent or employee：a transaction costs analysis [J]. Marketing Science，1985，4 (3)：234-254.
[178] Anderson E.，Coughlan A. T. International market entry and expansion via independent or integrated channels of distribution [J]. Journal of Marketing，1987，51 (1)：71-82.

[179] Antle J. M. Economic analysis of food safety [J]. Handbook of Agricultural Economics, 2001, 1 (1): 1083 - 1136.

[180] Antle J. M. Food safety, production structure, and the industrialization of the food industry [R]. Paper presentado en la 62° EAAE y 3° INRA-IDEI Conference on Industrial Organization and the Food Processing Industry, Toulouse. 1998 (11): 12 - 13.

[181] Antle J. M. No such thing as a free safe lunch: the cost of food safety regulation in the meat industry [J]. American Journal of Agricultural Economics, 2000, 82 (2): 310 - 322.

[182] Azzam A. M. Measuring market power and cost-efficiency effects of industrial concentration [J]. Journal of Industrial Economics, 1997 (34): 377 - 386.

[183] Bai L., Ma C. L., Yang Y. S., et al. Implementation of HACCP system in China: A survey of food enterprises involved [J]. Food Control, 2007, 18 (9): 1108 - 1112.

[184] Bardhan I., Whitaker J., Mithas S. Information technology, production process outsourcing, and manufacturing plant performance [J]. Journal of Management Information Systems, 2006, 23 (2): 13 - 40.

[185] Bass F. M., Cattin P., Wittink D. K. Firm effects and industry effects in the analysis of market structure and profitability [J]. Journal of Marketing Research, 1978, 15 (2): 3 - 10.

[186] Bolton P., Whinston M. D. Incomplete contracts, vertical integration, and supply assurance [J]. The Review of Economic Studies, 1993, 60 (1): 121 - 148.

[187] Bonanno A., Russo C., Menapace L. Market power and bargaining in agrifood market: A review of emerging topics and tools [J]. Agribusiness, 2018, 34 (1): 6 - 23.

[188] Bradach J. L. Using the plural form in the management of restaurant chains [J]. Administrative Science Quarterly, 1997, 42 (2): 276 - 303.

[189] Brandow G. E. Market power and its sources in the food industry [J]. American Journal of Agricultural Economics, 1969, 51 (1): 1 - 12.

[190] Brouthers K. D., Brouthers L. E, Werner S. Transaction cost-enhanced entry mode choices and firm performance [J]. Strategic Management Journal, 2003, 24 (12): 1239 - 1248.

[191] Brouthers K. D., Nakos G. SME entry mode choice and performance: A transaction cost perspective [J]. Entrepreneurship Theory and Practice, 2010, 28 (3): 229 - 247.

[192] Bureau of Produce Processing of Ministry of Agricultural in China. The development

situation and task of agricultural product processing industry [EB/OL]. 2015. http: //www. xqj. moa. gov. cn/ncpjg/201506/t20150629 _ 4722370. html.

[193] Cabral L. M. B. Conjectural variations as a reduced form [J]. Economics Letters, 1995 (49): 397 - 402.

[194] Carlton D. W. Vertical integration in competitive markets under uncertainty [J]. The Journal of Industrial Economics, 1979, 27 (3): 189 - 209.

[195] Carrer M. J., Filho H. M. D. S., Vinholis M. D. M. B. Plural forms of governance in the beef industry: a case study in Brazil [J]. British Food Journal, 2014, 116 (4): 643 - 661.

[196] Caswell J. A., Padberg D. I. Toward a more comprehensive theory of food labels [J]. American Journal of Agricultural Economics, 1992 (74): 460 - 468.

[197] Chan K. China regulators fine OSI Group $3.6 million in 2014 meat scandal [R]. Associated Press (AP) News, October 3, 2016.

[198] Chen K., Bobb E. M., Schrader L. F. Growth of large cooperatives and proprietary firms in the US food sector [J]. Agribusiness, 1985, 1 (2): 201 - 210.

[199] Chen L., Ruan Y. Research on the application of big data technology in food safety management [J]. Journal of Physics: Conference Series, 2021, 1744 (3).

[200] China's Ministry of Agriculture (CMA). China Animal Husbandry and Veterinary Yearbook [M]. China Agriculture Press, 2000 to 2016.

[201] Coase R. H. The nature of the firm [J]. Economica, 1937, 4 (16): 386 - 405.

[202] Coles J., Hesterly W. The impact of firm-specific assets and the interaction of uncertainty: an examination of make or buy decisions in public and private hospitals [J]. Journal of Economic Behavior and Organization, 1998, 36 (3): 383 - 409.

[203] Coughlan A. T. Competition and cooperation in marketing channel choice: theory and application [J]. Marketing Science, 1985, 4 (2): 110 - 129.

[204] Deconinck K. Concentration and market power in the food chain [J]. OECD Food Agriculture and Fisheries Papers, 2021 (151): 1 - 52.

[205] Demsetz H. Barriers to entry [J]. American Economic Review, 1982 (72): 47 - 57.

[206] DeSouza S. Estimating mark-ups from plant-level data [J]. The Journal of Industrial Economics, 2009, 57 (2): 353 - 363.

[207] Digal L. N., Ahmadi-Esfahani F. Z. Market power analysis in the retail food industry: A survey of methods [J]. Australian Journal of Agricultural and Resource Economics, 2002, 46 (4): 559 - 584.

[208] Eisenberg T., Heise M., Waters N. L., et al. The decision to award punitive

damages: An empirical study [J]. Journal of Legal Analysis, 2010, 2 (2): 577-620.

[209] Delgado—Ballester, Elena, Jose Luis Munuera—Aleman. Brand trust in the context of consumer loyalty [J]. Eu-ropean Journal of Marketing, 2001 (35): 1238-1258.

[210] Erramilli M. K., Rao C. P. Service firms' international entry-mode choice: a modified transaction-cost analysis approach [J]. Journal of Marketing, 1993, 57 (7): 19-38.

[211] Food and Agricultural Organization. OECD-FAO agricultural outlook 2014—2023 [R]. Rome: FAO, 2014. Retrieved from http: //www. fao. org/3/a-i3818e. pdf.

[212] Fu R., Li C., Wang L. Market power in the Irish beef processing industry [J]. Sustainability, 2021, 13 (11): 6453-6453.

[213] Fulton M. E., Fulton J. R., Clark J. S., et al. Cooperative growth: is it constrained? [J]. Agribusiness, 1995, 11 (2): 245-261.

[214] Gale F. China's pork imports rise along with production costs [M]. Washington, DC, USA: United States Department of Agriculture, 2017.

[215] Galstyan A. G., Aksyonova L. M., Lisitsyn A. B., et al. Modern approaches to storage and effective processing of agricultural products for obtaining high quality food products [J]. Herald of the Russian Academy of Sciences, 2019, 89 (2): 211-213.

[216] Ganesan S. Determinants of long-term orientation in buyer-seller relationships [J]. Journal of Marketing, 1994, 58 (2): 1-19.

[217] Goldsmith P., Turan N., Gow H. Food safety in the meat industry: A regulatory quagmire [J]. International Food and Agribusiness Management Review, 2003, 6 (1): 1-37.

[218] Gorton M., Dumitrashko M., White J. Overcoming supply chain failure in the agri-food seator: A case study from Moldova [J]. Food Policy, 2006, 31 (1): 90-103.

[219] Grossman S. J. The informational role of warranties and private disclosure about product quality [J]. Journal of Law and Economics, 1981, 24 (3): 461-483.

[220] Grossman S. J., Hart O. D. The costs and benefits of ownership: A theory of vertical and lateral integration [J]. Journal of Political Economy, 1986, 94 (4): 691-719.

[221] Haft J. Unmade in China: The hidden truth about China's economic miracle [M]. Cambridge, MA: Polity Press, 2015.

[222] Hall D. C., Johnson-Hall T. D. The value of downstream traceability in food safety management systems: an empirical examination of product recalls [J]. Operations Management Research, 2021 (14): 61-77.

[223] Handley S. M. How Governance misalignment and outsourcing capability impact performance

[J]. Production and Operations Management，2017，26（1）：134－155.

[224] Harrison A，New C. The role of coherent supply chain strategy and performance management in achieving competitive advantage：an international survey [J]. Journal of the Operational Research Society，2002（53）：263－271.

[225] Hart O.，Moore J. Property rights and the nature of the firm [J]. Journal of political economy，1990，98（6）：1119－1158.

[226] Heckman J. Dummy endogenous variables in a simultaneous equation system [J]. Econometrica，1978，46（6）：931－959.

[227] Heckman J. Sample selection bias as a specification error [J]. Econometrica，1979（47）：153－161.

[228] Heide J. B.，Stump R. L. Performance implications of buyer-supplier relationships in industrial markets：a transaction cost explanation [J]. Journal of Business Research，1995，32（1）：57－66.

[229] Hennessy D. A. Information asymmetry as a reason for food industry vertical integration [J]. American Journal of Agricultural Economics，1996，78（4）：1034－1043.

[230] Hennessy D. A.，Roosen J.，Miranowski J. A. Leadership and the provision of safe food [J]. American Journal of Agricultural Economics，2001，83（4）：862－874.

[231] Henson S.，Caswell J. Food safety regulation：an overview of contemporary issue [J]. Food Policy，1999（24）：589－603.

[232] Henson S.，Jaffee S.，Masakure O. The participation of smallholder farmers in high-value export markets governed by standards：The role of exporter procurement practices [J]. Frontiers of Economics and Globalization，2013（12）：261－290.

[233] Henson S. J. Costs and benefits of food safety regulations [R]. OECD，Paris，1997.

[234] Herath D.，Weersink A. Peasants and plantations in the Sri Lankan tea sector：Causes of the change in their relative viability [J]. Social Science Electronic Publishing，2010，51（1）：73－89.

[235] Hernández San Juan I. The blockchain technology and the regulation of traceability：The digitization of food quality and safety [J]. European Food and Feed Law Review，2020，15（6）：563－570.

[236] Hornibrook S. A.，Fearne A. Demand driven supply chains：Contractual relationships and the management of perceived risk [J]. Pharmacotherapy the Journal of Human Pharmacology and Drug Therapy，2006，17（5）：857－860.

[237] Hou J.，Wu L.，Hou B. Risk attitude，contract arrangements and enforcement in food safety governance：A China's agri-food supply chain scenario [J]. International Journal

of Environmental Research and Public Health, 2020, 17 (8): 2733.

[238] Houlihan J. B. International supply chain management [J]. International Executive, 1985, 27 (2): 17-18.

[239] Hussain S. Co-regulation and voluntarism in the provision of food safety: lessons from institutional economics [R]. Scotland's Rural College, Aberdeen, UK, Working Paper 45996, 2006.

[240] Jacquemin A. P. Market structure and the firm's market power [J]. The Journal of Industrial Economics, 1972, 20 (2): 122-134.

[241] Jang J., Sykuta M. E. Contracting for consis-tency: Hog quality and the use of marketing contracts [R]. Con-tracting and Organizations Research Institute, Working Paper, 2009.

[242] Jayasinghe-Mudalige U., Henson S. Identifying economic incentives for Canadian red meat and poultry processing enterprises to adopt enhanced food safety controls [J]. Food Control, 2007, 18 (11): 1363-1371.

[243] Jayasinghe-Mudalige U. K., Henson S. Economic incentives for firms to implement enhanced food safety controls: Case of the Canadian red meat and poultry processing sector [J]. Review of Agricultural Economics, 2006, 28 (4): 494-514.

[244] Jin C., Retsef L., LIANG Q., et al. Food safety inspection and the adoption of traceability in aquatic wholesale markets: A game-theoretic model and empirical evidence [J]. Journal of Integrative Agriculture, 2021, 20 (10): 2807-2819.

[245] Ju M., Murray J. Y., Gao G. Y., et al. Concurrent sourcing strategy of multinational firms in China: Drivers and performance implications [J]. Journal of World Business, 2019, 54 (6): 101015. 1-101015. 10.

[246] Kaiser F., Obermaier R. Vertical (Dis-) integration and firm performance: A management paradigm revisited [J]. Schmalenbach Business Review, 2020, 72 (1): 1-37.

[247] Katz M. L. Chapter 11 Vertical contractual relations [J]. Handbook of Industrial Organization, 1989 (1): 655-721.

[248] Kilmer R. L., Andre A. M., Stevens T. J. Pesticide residues and vertical integration in Florida strawberries and tomatoes [J]. Agribusiness: An International Journal, 2001, 17 (2): 213-226.

[249] Kinsey J. Will food safety jeopardize food security? [J]. Agricultural Economics, 2010, 32 (s1): 149-158.

[250] Klein B., Crawford R. G., Alchian A. A. Vertical integration, appropriable rents, and the competitive contracting process [J]. Journal of Law and Economics, 1978, 21

(2): 297-326.

[251] Kliestik T., Dereva M., Rajčániová M. Variation of market power across different food supply chains [J]. SHS Web of Conferences, 2021 (92): 06004-06004.

[252] Kreps D. M., Wilson R. Reputation and imperfect information [J]. Journal of Economic Theory, 1982 (27): 253-279.

[253] Krzeminska A., Hoetker G., Mellewigt T. Reconceptualizing plural sourcing [J]. Strategic Management Journal, 2013, 34 (13): 1614-1627.

[254] Kutner M. H., Nachtsheim C. J., Neter J. Applied linear regression models [M]. New York: McGraw-Hill/Irwin, 2004.

[255] Lafontaine F., Slade M. Vertical integration and firm boundaries: The evidence [J]. Journal of Economic literature, 2007, 45 (3): 629-685.

[256] Larsen J. Meat consumption in China now double that in the United States [J]. Plan B Updates, Earth Policy Institute, 2012 (24).

[257] Leiblein M. J., Reuer J. J., Dalsace F. Do make or buy decisions matter? The influence of organizational governance on technological performance [J]. Strategic Management Journal, 2002, 23 (9): 817-833.

[258] Levy D. The transactions cost approach to vertical integration: an empirical examination [J]. The Review of Economics and Statistics, 1985, 67 (3): 438-445.

[259] Loconto A. M., Simbua E. F. Making room for smallholder coöperatives in tanzanian tea production: Can fairtrade do that? [J]. Journal of Business Ethics, 2012, 108 (4): 451-465.

[260] MacMillan I. C., Block Z., Narasimha P. N. S. Corporate venturing: alternative, obstacles encountered, and experience effects [J]. Journal of Business Venturing, 1986, 1 (2): 121-132.

[261] Makowski L. Are 'rational conjectures' rational? [J]. Journal of Industrial Economics, 1987, 36 (1): 35-47.

[262] March J. G., Sutton R. I. Crossroads - organizational performance as a dependent variable [J]. Organization Science, 1997, 8 (6): 698-706.

[263] Martinez M. G., Fearne A., Caswell J. A., et al. Co-regulation as a possible model for food safety governance: Opportunities for public-private partnerships [J]. Food Policy, 2007, 32 (3): 299-314.

[264] Martinez M. G., Poole N., Skinner C., et al. Food safety performance in European union accession countries: Benchmarking the fresh produce import sector in Hungary [J]. Agribusiness: An International Journal, 2006, 22 (1): 69-89.

[265] Martinez S. W., Zering K. D. Pork quality and the role of market organization [J]. United States Department of Agriculture, Agricultural Economic Report, 2004 (835).

[266] Martino G. Perugini C. Food safety and governance choices [R]. Rivista Internazionale Di Scienze Sociali, 2006: 433 - 458.

[267] Martino G., Polinori P. Food safety, hybrid structures and preferences for contractual rules: Theory and evi-dence from the Italian poultry sector [J]. SSRN, 2009.

[268] Masten S. E. Transaction costs, mistakes, and performance: Assessing the importance of governance [J]. Managerial and decision economics, 1993: 119 - 129.

[269] Mayer K. J., Salomon R. M. Capabilities, contractual hazards, and governance: Integrating resource-based and transaction cost perspectives [J]. The Academy of Management Journal, 2006, 49 (5): 942 - 959.

[270] McCorriston S. Why should imperfect competition matter to agricultural economists? [J]. European Review of Agricultural Economics, 2002 (29): 349 - 372.

[271] Ménard C., Klein P. G. Organizational issues in the agrifood sector: Toward a comparative approach [J]. American Journal of Agricultural Economics, 2004, 86 (3): 750 - 755.

[272] Menard C., Valceschini E. New institutions for governing the agri-food industry [J]. European Review of Agricultural Economics, 2005, 32 (3): 421 - 440.

[273] Miller R. A. Market structure and industrial performance: Relation of profit rates to concentration, advertising intensity, and diversity [J]. Journal of Industrial Economics, 1969 (17): 104 - 118.

[274] Ministry of Industry and Information Technology of China. The 12th 5-year Development Plan of Meat Industry [R]. MIIT, Beijing, China, 2012.

[275] Mols N. P. Concurrent sourcing and supplier opportunism [J]. International Journal of Procurement Management, 2017, 10 (1): 89 - 105.

[276] Mols N. P. Dual channels of distribution: a transaction cost analysis and propositions [J]. International Review of Retail Distribution and Consumer Research, 2000, 10 (3): 227 - 246.

[277] Mols N. P. Economic explanations for concurrent sourcing [J]. Journal of Purchasing and Supply Management, 2010, 16 (1): 61 - 69.

[278] Montgomery C. A. Product-market diversification and market power [J]. Academy of Management Journal, 1985, 28 (4): 789 - 798.

[279] National bureau of statistic (NBS). China Statistical Yearbook [M]. China Statistics Press, 2015 to 2022.

［280］ Neely A., Gregory M., Platts K. Performance measurement system design: A literature review and research agenda [J]. International Journal of Operations and Production Management, 1995, 25 (12): 1228-1263.

［281］ Nyaoga R. B., Wang M. Z., Magutu P. Testing the relationship between constraints management and capacity utilization of tea processing firms: Evidence from Kenya [J]. Future Business Journal, 2015, 1 (1-2): 35-50.

［282］ Olmos M. F. The performance implications of "grow or buy" decisions in the wine industry [J]. Food Policy, 2010, 35 (3): 256-264.

［283］ Otto A., Obermaier R. How can supply networks increase firm value? A causal framework to structure the answer [J]. Logistics Research, 2009, 1 (3-4): 131-148.

［284］ Parmigiani A. Why do firms both make and buy? An investigation of concurrent sourcing [J]. Strategic Management Journal, 2007, 28 (3): 285-311.

［285］ Perry M. K. Vertical integration: The monopsony case [J]. The American Economic Review, 1978, 68 (4): 561-570.

［286］ Peteraf M. A. The cornerstones of competitive advantage: A resource-based view [J]. Strategic Management Journal, 1993, 14 (3): 179-191.

［287］ Poulior S. The FDA food safety and modernization act and the exemption for small firms [J]. Paper presented at the annual meeting of the Agricultural and Applied Economics Association, Pittsburg, 2011 (7): 24-26.

［288］ Puranam P., Gulati R., Bhattacharya S. How much to make and how much to buy? An analysis of optimal plural sourcing strategies [J]. Strategic Management Journal, 2013, 34 (10): 1145-1161.

［289］ Qing G., Wang H. H., Chen Y. Do China dairy firms have market power? An estimation of market power with price heterogeneity [J]. China Agricultural Economic Review, 2015, 8 (2): 206-214.

［290］ Raynaud E. Sauvee L. Valceschini E. Governance of the agri-food chains as a vector of credibility for quality signalization in Europe [R]. General Information, 2002.

［291］ Raynaud E. Schnaider P. S. B. Surveying the economics of plural modes of organization [J]. Journal of Economic Surveys, 2019, 33 (4): 1151-1172.

［292］ Raynaud E., Sauvee L., Valceschini E. Alignment between quality enforcement devices and governance structures in the agro-food vertical chains [J]. Journal of Management and Governance, 2005, 9 (1): 47-77.

［293］ Rhoades S. A. The effect of diversification on industry profit performance in 241 manufacturing industries：1963 [J]. Review of Economics and Statistics，1973 (55)：146－155.

[294] Rindfleisch A.，Heide J. B. Transaction cost analysis：past，present，and future applications [J]. Journal of Marketing，1997，61 (10)：30－54.

[295] Ritson C.，Li W. M. The economics of food safety [J]. Nutrition and Food Science，1998 (5)：253－259.

[296] Roberts P. W.，Greenwood R. Integrating transaction cost and institutional theories：toward a constrained-efficiency framework for understanding organizational design adoption [J]. Academy of Management Review，1997，22 (2)：346－373.

[297] Robertson P. L.，Langlois R. N. Institutions，inertia，and changing industrial leadership [J]. Industrial Organization，1994，3 (2)：359－378.

[298] Rosen S. Hedonic prices and implicit markets：Product differentiation in pure competition [J]. Journal of Political Economy，1974，82 (1)：34－55.

[299] Rouviere E. Heterogenous effort in voluntary programmes on food safety：theory and evidence from the French import industry of fresh produce [J]. European Review of Agricultural Economics，2010 (37)：479－499.

[300] Rouvière E. Small is beautiful：firm size，prevention and food safety [J]. Food Policy，2016 (63)：12－22.

[301] Rouviere E.，Caswell J. A. From punishment to prevention：A French case study of the introduction of co-regulation in enforcing food safety [J]. Food Policy，2012 (37)：246－254.

[302] Rouviere E.，Soubeyran R.，Bignebat C. Heterogeneous efforts in voluntary programmes on food safety [J]. European Review of Agricultural Economics，2010，37 (4)：479－499.

[303] Salop S. Scheffman D. Raising rivals' costs [J]. American Economic Review，1983 (73)：267－271.

[304] Sarkar M. B.，Echambadi R.，Cavusgil S. T.，et al. The influence of complementarity，compatibility，and relationship capital on alliance performance [J]. Journal of the Academy of Marketing Science，2001，29 (4)：358－373.

[305] Schmalensee R. Inter-industry studies of structure and performance [J]. Handbook of industrial organization，1989 (2)：951－1009.

[306] Schroeter J.，Azzam Z. Measuring market power in multi-product oligopolies：The U. S. meat industry [J]. Applied Economics，1990，22 (10)：1365－1376.

[307] Schuster M.，Maertens M. Do private standards create exclusive supply chains? New

evidence from the Peruvian asparagus export sector [J]. Food Policy, 2013 (43): 291-305.

[308] Segerson K. Mandatory versus voluntary approaches to food safety [J]. Agribusiness, 1999, 15 (1): 53-70.

[309] Shavell S. Economic analysis of accident law [M]. Cambridge, MA: Harvard University Press, 1987.

[310] Shaver J. M. Accounting for endogeneity when assessing strategy performance: Does entry mode choice affect FDI survival? [J]. Management Science, 2011, 44 (4): 571-585.

[311] Shi M., Yu W. Supply chain management and financial performance: literature review and future directions [J]. International Journal of Operations and Production Management, 2013, 33 (10): 1283-1317.

[312] Siddiky N. A, Khan M. S. R, Sarker M. S., et al. Knowledge, attitude and practice of chicken vendors on food safety and foodborne pathogens at wet markets in Dhaka, Bangladesh [J]. Food Control, 2021 (131): 108456.

[313] Silverman B. S, Nickerson J. A., Freeman J. Profitability, transactional alignment, and organizational mortality in the U. S. trucking industry [J]. Strategic Management Journal, 1997, 18 (s1): 31-52.

[314] Smith K. W., Sasaki M. S. Decreasing multicollinearity a method for models with multiplicative functions [J]. Sociological Methods and Research, 1979, 8 (1): 35-56.

[315] Spengler J. J. Vertical integration and antitrust policy [J]. Journal of Political Economy, 1950, 58 (4): 347-347.

[316] Spulber F. D. Regulation and markets [M]. Cambridge, MA: MIT Press, 1989.

[317] Tomašević I., Šmigić N., Đekić I., et al. Serbian meat industry: A survey on food safety management systems implementation [J]. Food Control, 2013 (32): 25-30.

[318] Toumanoff P. G. A positive analysis of the theory of market failure [J]. Kyklos, 1984, 37 (4): 529-541.

[319] Tran D., Goto D. Impacts of sustainability certification on farm income: Evidence from small-scale specialty green tea farmers in Vietnam [J]. Food Policy, 2019 (83): 70-82.

[320] United States Department of Agriculture. Packers and Stockyards Program [R]. United States Department of Agriculture, Washington, DC, 2016.

[321] United States Department of Agriculture, Foreign Agricultural Service. China's meat and poultry import forecast 2018: decline and constrained growth, Livestock and

Poultry: World Market and Trade [R]. United States Department of Agriculture, Foreign Agricultural Service Foreign Agricultural Service, Washington, DC, October, 2017.

[322] Vetter H., Karantininis K. Moral hazard, vertical integration, and public monitoring in credence goods [J]. European Review of Agricultural Economics, 2002, 29 (2): 271-279.

[323] Wagner J. Firm size, firm growth, and persistence of change: Testing Gibrath's law with establishment data firm lower saxony, 1978—1989 [J]. Small Business Economics. 2): 125-131.

[324] Wang H., Xia T., Guan Z. Market power and food safety in the China pork industry [J]. Agribusiness, 2019, 35 (1): 97-113.

[325] White L. J. Market power: How does it arise? How is it measured? [R]. NYU: Economics Working Papers (Topic), 2012.

[326] Williamson O. E. Comparative economic organiza tion: The analysis of discrete structural alternatives [J]. Administrative Science Quarterly, 1991 (36): 269-296.

[327] Williamson O. E. Credible commitments: Using hostages to support exchange [J]. American Economic Review. 4): 519-540.

[328] Williamson O. E. The economics of organization: The transaction cost approach [J]. American Journal of Sociology. 3): 548-577.

[329] Williamson O. E. Transaction-cost economics: The governance of contractual relations [J]. Journal of Law and Economics, 1979, 22 (2): 233-261.

[330] Wooldridge J. M. Econometric analysis of cross section and panel data [M]. Cambridge, MA: MIT Press, 2010.

[331] Worosz M., Knight A., Harris, C. Barriers to entry into the specialty meat sector: The role of food safety regulation [J]. Southern Rural Sociology, 2008 (23): 170-207.

[332] Xiong Y., Li W., Liu T. Risk early warning of food quality safety in meat processing industry [J]. International Journal of Environmental Research and Public Health, 2020, 17 (18): 6579.

[333] Yvrande-Billon A., Saussier S. Do organization choices matter? Assessing the importance of governance through performance comparisons [J]. New Ideas in Contracting and Organizational Researches, Nova Science Publishers, 2005.

[334] Zhang Y. H., Rao X. D., Wang H. Organization, technology, and management innovations through acquisition in China's pork value chains: The case of the Smithfield acquisition

by Shuanghui [J]. Food Policy, 2019 (83): 337-342.

[335] Zhou J. H., Kai L. I., Liang Q. Food safety controls in different governance structures in China's vegetable and fruit industry [J]. Journal of Integrative Agriculture [J], 2015, 14 (11): 2189-2202.

[336] Zimon D., Domingues P. Impact of implementation of ISO 22000 on food safety throughout the supply chain: insights from Poland, Slovakia and Portugal [J]. International Journal of Productivity and Quality Management, 2020, 30 (4): 509-526.

后　　记

本书是我主持完成的第三个国家课题的结题研究成果，内容主要基于产业组织视角，以食用农产品经营主体为研究对象，重点探讨了以下三个科学问题：

一是揭示了农业产业组织发展变化规律，提出加强食用农产品质量安全治理亟需破解三个产业组织难题，即产业组织化程度低、经营主体日趋多元化、市场结构调整与产业结构升级存在一定矛盾；二是基于公开抽检数据与调研资料，借助大数据分析方法，实证检验了农业企业纵向一体化与横向一体化等产业组织行为，对促进经营主体加强产品质量安全管理，降低食用农产品质量安全风险发生可能性及损害程度的显著影响及作用机制；三是探讨优化产业组织，提升食用农产品质量安全治理水平的制度建设框架、优化路径及总体思路，并基于国内外成功经验，总结提出提升食用农产品质量安全治理水平的有效路径。

课题研究已告一段落，此刻心情却颇为复杂。最大的感受是计划没有变化快，解答的问题远不及新涌现的多。2020年项目启动即遭遇新冠疫情，调研计划与内容不得不压缩甚至取消；数字及人工智能（AI）等技术的飞速发展，挑战甚至突破了预设问题及解决方案的边界。这一方面证明食品及食用农产品质量安全治理问题的复杂性与永恒性，同时也督促和激励自己，加快科研步伐、不断充实自己，才能应对未来的不确定性与各种挑战。当前，农食系统的转型与升级正面临包含人工智能等重大技术创新的深刻冲击，以及加速产业组织变革以突破制度瓶颈的紧迫压力。这些都为课题组明确了未来的研究方向，并提出了全新任务！

落笔之际，由衷地向支持与帮助本课题各项调研活动的政府监管部门、事业单位和行业协会，以及企业、合作社和种养殖农户等经营主体，表达深深的谢意。南京农业大学韩纪琴教授、美国堪萨斯州立大学的 Tian Xia 教授为本课题研究框架的搭建与实证分析，提供了重要的理论支撑与智力支持。还有自己科研团队的小伙伴们，书中的每一字也凝结了他们的辛劳与汗水，他们是葛玲玲、孙璐、李震逸、余玉语、张扬、薛云飞、王慧敏、徐希瑞、向娇羽、马志懿、王慧臻、杨胜琴等。祝福未来的科研与人生道路“长风破浪会有时，直挂云帆济沧海”！

最后，感谢家人的支持，给予我永恒的美丽与启迪！